湛庐 CHEERS

与最聪明的人共同进化

HERE COMES EVERYBODY

The Talent Code
一万小时天才理论

经典版

Greatness isn't born.
It's grown.
Here's how.

[美] 丹尼尔・科伊尔(Daniel Coyle)◎著
张科丽◎译

浙江人民出版社
ZHEJIANG PEOPLE'S PUBLISHING HOUSE

THE TALENT CODE 中文版序

我希望自己能够成为一个 7 岁的中国孩子。

我知道这听起来挺奇怪的，不是说我想变换我的国籍或年龄，而是因为一个更重要的原因：中国孩子正处在一个非常幸运的坐标点上。这个群体比世界上、历史中的任何人拥有发展更多技能的机会。

过去的两年，我游历全球，探究人才温床：它们普遍规模较小、地理位置偏远，但却在数学、艺术、音乐、体育和商业领域涌现了很多人才。这些地方都令人印象深刻，但可以肯定的是，没有哪个地方可以和中国的人才库相提并论。这不仅仅因为中国本身的特点（庞大的人口规模和正在凸显的个性），还因为她占据的最佳时机。中国的崛起恰好与现今这个以科学揭示技能背后的神经与行为机制的时代相契合。

在书中，你会看到天才理论的运作图景，你会学到“精深练习”，你会看到“激情”，会看到伟大的“伯乐”拥有的特质与技术。但现在，让我先来说说书中的一些观念，这些观念与中国独有的机遇有着特殊的联系。

遗传作用小于你的想象

从小我们被灌输的思想就是，才能是上天所赐。从这个层面看，似乎只有很少一部分人可以拥有正确的基因组合——他们生来优秀，因此天才宝宝构成了美丽故事的主题。

但“这不是真的”！因为科学完全不能定位才能的基因，它也无法解密一些更引人入胜和实用的东西：10 000 小时法则。这一法则是由 20 世纪 70 年代的心理学家们提出的，他们认为所有的世界级专家（从作曲家、外科医生到足球运动员）都需经历 10 000 小时（一般超过 10 年）的刻苦练习。

10 000 小时法则的关键在于：没有例外之人。没有人仅用 3 000 小时就能达到世界级水准；7 500 小时也不行；一定要 10 000 小时——10 年，每天 3 小时——无论你是谁。

因此，一个事实涌现出来：当人们开始学习技能时，基因就不好使了。它不能保证你能成为米开朗琪罗和莫扎特，也不能够保证你遇到好的机遇——马尔科姆·格拉德威尔所著《异类》所说的，那些隐藏在世界级成功背后的秘密。它唯一能够保证的就是：如果我们想最大化自身的潜能，所有人都需要精深的练习。无论你想构建什么类型的才能，都要遵循同样的路径。要成为你想成为的人，你就必须走上这条路。

犯错不是罪，它是信息

美国的儿童知道“如果不成功，那就再试一试”；德国的孩子受到这样的教育：“如果想变聪明，请犯错”。这些谚语说得都对，但是它们背后的原因绝对不是你想象的那样。这些错误并不是真正的错误，而是信息。就像地图上的一个点，它为你指出正确的前进方向和错误的方向。当我们尝试一个新技能时，我们就像进入黑屋子的人，总是碰到家具，但每次碰撞都会让我们明确该往哪里走。我们不应该忽视错误或试图忘记它们，因为它们为我们指出了道路所在，同时为我们指出了一个事实：那些不敢冒险的人就无法发展他们的才能。

爱就是礼物

在未来的某些时刻——也许已经发生了——你会坠入爱河。

不是和某个人而是和某个有关你自己的想法——关于你想成为谁，关于你生来会成为谁。这种爱，这种激情，就是发展才能的原始燃料。

用上千小时来做一件事并不是一件理性的事，这常常会令人困扰，还会被别人认为是死心眼。但这种极端的感受却正是才能的组成成分，因为这里包括我们不能完全控制的力量：情感、个性、激情。我想成为谁？这就是维持与激发激情的钥匙。

获取才能的道路是一个充满矛盾的旅程，它涉及心智与心灵、理性与情感。过去的几百年，我们对才能的认识被局限于基因的观点中。在未来的几百年中，特别是在中国，我希望“才能”这一上天的恩赐可以被定义为“自我的养成”。

非常感谢你选择了这本书，也希望你能够喜欢。

扫码了解成才需要的 52 项技巧有哪些？

六分钟达到一个月的练习效果

真理之行源于疑问，这里就有三个。

一家俄罗斯网球俱乐部，只有一个室内场地，看上去一钱不值，它如何培养出众多排名世界前 20 强的女球员，比全美国都多？

得克萨斯州达拉斯一家音乐学校，坐落于一间不起眼的店面房里，如何塑造出杰西卡·辛普森（Jessica Simpson）等多位流行音乐明星，90% 都签了唱片合约？

英国的一个偏远村庄里，一户贫穷且受教育程度不高的人家，如何养育出三位世界级作家？

人才温床是一些神秘的地方，最具神秘色彩的一点是人才“爆炸”之前毫无征兆。20 世纪 50 年代，多米尼加共和国的棒球运动员首次签约美国职业棒球大联盟；如今，平均 9 位大联盟队员中就有一位来自那个小岛国。1998 年，首位韩国女子高尔夫球手赢得女子职业高尔夫（LPGA）巡回赛；到了 2008 年，LPGA 巡回赛场上出现了 45 位韩国选手。1991 年，仅一名中国选手获得范·克莱本国际钢琴比赛（Van Cliburn Piano Competition）资格；最近一届比赛中出现了 8 位，反映了世界音乐水平的均衡发展。

媒体喜欢个别报道每一处人才温床，事实上，这些都属于更加古老宏伟的规律的一部分。19 世纪维也纳的作曲家、莎士比亚的故乡英国的作家，以及意大利文艺复兴时期的艺术家（当时佛罗伦萨这座沉睡的城市，人口只有 7 万，突然之间制造了一场空前绝后的“天才大爆炸”），每一个例子都在让人思索同样的问题：这种超凡的才能从何而来？是什么使它茁壮成长？

所有的回答都可以从一段引人瞩目的视频说起，主人公是一位满脸雀斑的 13 岁小姑娘克拉丽莎（化名）。澳大利亚音乐心理学家加里·麦克弗森（Gary McPherson）和詹姆斯·伦威克（James Renwick）主持了一个研究项目，克拉丽莎是其中一名观察对象。心理学家们跟踪记录了她数年来单簧管学习的进度。

屏幕上的克拉丽莎看起来平凡普通，她身穿一件蓝色带帽兜的套头衫，运动短裤，一副睡眼惺忪的模样。事实上，在拍摄这段录像之前，克拉丽莎曾被认定为音乐庸才。根据麦克弗森的能力倾向测试，以及老师和家长的评价，甚至根据自我评价，克拉丽莎都丝毫不具备音乐天赋。她的听力不佳，乐感一般；动机不足（这项研究的书面问卷中，她认为“我应该去练习”是练习的最充分理由）。然而，克拉丽莎已经闻名音乐学界。因为在一个普通的早晨，麦克弗森用摄像机记录了这位平庸的孩子所做的明显不平庸之事。根据麦克弗森的计算，在那 5 分 54 秒内，她的学习速度加快了 10 倍，而她本人根本没有觉察到变化。

麦克弗森为我们播放了这段视频，之后依依不舍地说：“若是有人能够概括出其中门道，并可以复制，那必是价值连城呢。”

本书讲述的是一个简单的概念：克拉丽莎和人才温床做的是同样的事情，他们激活了一种神经机能，这样就可以通过某些以目标为导向的练习模式来提高技能，不知不觉地进入一个学习加速区域。这尽管算不上是可以复制的门道，但是知情人可以带领你随时深入进去。换言之，他们破解了才能密码。

才能密码建立于颠覆性的科学发现之上，其中涉及一种叫作髓鞘质（myelin）的神经绝缘体，一些神经学家们称它为学习技能的圣杯。当我们开启神经回路的方式正确（练习正确的挥棒姿势或者弹钢琴）时，髓鞘质就给神经回路包裹上绝缘体，髓鞘质越厚，绝缘性就越强，我们的动作和思维就越加精确和敏捷。

髓鞘质的重要性体现在以下方面。一是普遍性，每个人都有髓鞘质，虽然小时候生长速度最快，但确实一辈子都在生长。二是通用性，髓鞘质的生长有利于所有类型的技能，包括智力型和体力型。三是无形性，髓鞘质看不见摸不着，只能在恰当的时机才能感受到。但是最重要的是，人们了解了髓鞘质这个新模型,就能清晰地理解技能。投入有效练习的时间和精力越多，就能越快掌握技能。

在本书中，我们将拜访世界上最成功的足球运动员、银行劫匪、小提琴手、战斗机飞行员、艺术家、滑板爱好者，见证这些规则如何运作。我们将探索令人惊讶的人才温床，甚至连当地居民都不了解他们为什么会成功。我们将访问各类科学家、教练、老师、人才研究人员，这些人揭示了技能学习过程中的新秘密。最重要的是，我们将尝试一套具体的方法，利用这些知识，最大限度地提升我们及身边所有人的生命潜力。

本书分成三部分，对应一万小时天才理论的三大要项，即精深、激情、伯乐。如何融合这三大要项正是掌握技能的关键，少了一项就会减慢这个过程。融合三者，哪怕只有 6 分钟，事情就会不一样。

THE TALENT CODE 目录

第一部分　精深

10000

THE TALENT CODE

第一部分

精深

THE TALENT CODE

01

冒牌哈佛

她与世界上第一座地下铁、第一条电话线生活在同一个城市！美国独立战争以来几乎所有的革命先驱都出自她的门下，她被誉为美国政府的思想库。她那里先后诞生了 8 位美国总统、40 位诺贝尔奖得主和 30 位普利策奖得主，她的一举一动决定着美国社会的发展和经济的走向。她的商学院案例教学盛名远播，培养了微软、IBM 等一个个商业奇迹的缔造者。

“先有哈佛，而后有美利坚。”

这就是哈佛，全球最多亿万富豪就读的大学。

近代中国，也有许多科学家、作家和学者曾就读于哈佛大学，如胡刚复、竺可桢、杨杏佛、赵元任、陈寅恪、林语堂、梁实秋、梁思成、江泽涵、李禾禾等。

谁也不能随随便便成功，它来自彻底的自我管理和毅力。

——哈佛图书馆训言

犯错让你更聪明。

——德国寓言

冒牌哈佛

2006年12月，我开始访问一些涌现出大量人才的小地方。行程开始于莫斯科一个简陋的网球场，在随后的14个月里，我陆续走过巴西圣保罗足球场，得克萨斯州达拉斯的一个录音棚，加利福尼亚州圣何塞的一所中心学校，纽约阿迪朗达克山区一家破败的音乐学院，加勒比海上一个为棒球疯狂的小岛国。在这类毫不起眼的地方，却都有人取得了巨大成就，一位朋友戏称它们是“冒牌哈佛”。

我访问的几处人才温床几乎毫无共同点，除了它们的确存在这一值得庆幸的意外事实。一只小小的老鼠不仅敢叫嚣东西，而且不知怎么地，竟然统率了整片森林。这是怎么发生的呢？

第一条线索以出人意料的方式登场了。自踏上人才温床访问之旅起，我就准备着感受天才光芒照耀下的眩晕，期待着见证世界级的速度、力量和优美。这些期待不仅实现了，而且有所超越，但也只发生在其中的一半时间里。在那段时间里，我置身于人才的温床，仿佛站在一群奔跑的麋鹿中间：所有的东西都比平时来得快速流畅（一位 8 岁的孩子对你的网球技术表示遗憾，那才是对自尊的真正考验）。

遇见布鲁尼奥。他今年 11 岁，正在巴西圣保罗水泥操场上练习一个新的控球动作。为了体会足球在廉价运动鞋下滚动的感觉，他动作缓慢。布鲁尼奥正在学习“神龙摆尾”的控球技巧：先用外脚背轻推足球,然后飞速绕过，再用内脚背朝相反的方向踢去。要是完成得漂亮，这个动作会给观众一种错觉，以为球是用松紧带绑在球员脚上的。布鲁尼奥首次练习这个动作时，失败了，于是停下思考。然后放慢动作试了一次，依然失败，球滚了出去。再次停下思考。这一次更慢了，整个动作分解成了基本的步骤——先这样、再这样、然后那样。他神情严肃，目光专注，仿佛身边一切都不存在。突然之间，他找到感觉了。

遇见珍妮。她今年 24 岁，在达拉斯一间狭窄的录音棚里录制流行歌曲《来不及》（*Running Out of Time*）的副歌部分。她唱到最后的高潮部分时，这一句里的“时间”一词需要转音技巧。她尝试了一次，跑调了，于是停下思考。然后拖长节奏又唱了一遍。一旦错过一个音调，她就会停下来从头开始，或者从唱错的地方重新开始。珍妮唱唱停停，停停唱唱。突然之间，她成功了，一个个音调串成一段流畅的旋律。六遍之后，珍妮已经能够准确自如地唱完这一小节了。

我们通常用意志坚强或者聚精会神这样的词语来描述练习得法的人，但是这些词语不是十分贴切，人才温床的人们正像克拉丽莎那样，有意识地挑战自己的极限，所以会失败。可不知何故，失败却带他们走向了成功。这又是怎么发生的呢？

解释巴西足球队那种人才扎堆的现象，就像解释万有引力——同样可以用数字衡量：5 次赢得世界杯，每年有 900 多位年轻运动员签约欧洲的职业足球俱乐部。也可以一一列举出类拔萃的足球明星，诸如贝利（Pelé）、济科（Zico）、苏格拉底（Socrates）、罗马里奥（Romario）、罗纳尔多（Ronaldo）、儒尼尼奥（Juninho）、罗比尼奥（Robinho）、卡卡（Kaka）等名副其实的“世界最佳球员”。可是归根到底，你无法用数字和名字来表现巴西足球才能的力量。每天，全世界的足球迷都在欣赏这样一个场景：一群球员包围了一位巴西球员，他们狭路相逢，令巴西队员插翅难飞，希望渺茫。紧接着这位巴西球员做出一个舞蹈般模糊的动作——或佯攻、或轻挑、或瞬间飞奔而去，显然他已经脱离重围，留下对手兀自困惑，他却如闲庭信步。在这项全世界为之狂热的竞技活动上，巴西每天都在完成不可能的任务，持续地输出最好的球员，这个比例高得异乎寻常。

对于这种人才扎堆现象，传统的解释是将其归功于基因和环境的结合，即先天和后天的联袂。根据这个解释，巴西的成功来自其得天独厚的地利人和：气候温和，当地人对足球的狂热，以及 1.9 亿基因各异的人口中，40% 的人饱受贫穷的折磨，渴望利用这项“美丽的游戏”逃离贫困。就这样，加总所有这些因素，一家生产足球健将的完美工厂就建成了。

但是这种解释有个小问题，巴西并非一直以来都盛产足球运动员。20 世纪四五十年代，气候、狂热、贫穷早已存在，但这家完美工厂的产品却普普通通——从未染指世界杯，四次败于“无冕之王”匈牙利，看不到一点炫目的即兴球技，而那正是巴西球员后来赖以成名的绝技。直到 1958 年的瑞典世界杯上，以 17 岁的贝利为核心的强大阵容所向披靡，人们现在眼中的巴西队才真正诞生。① 假如往后的 20 年里，巴西队丧失了它在体育场上高不可攀的地位（正如匈牙利队同样滑下了“无冕之王”的宝座），世人会为之震惊，而“巴西是独一无二的”这个论调也就再无可辩之词。我们只能耸耸肩，为新冠军欢呼。毋庸置疑，他们也将拥有一套自己的绝技。

那么，巴西是如何培养出如此众多的优秀球员的呢？

答案出人意料。巴西之所以培养出了如此优秀的球员，是因为自从 20 世纪 50 年代以来，他们采用了一套独特的训练方法和一件独特的训练工具，使他们的控球能力超过

① 足球史学家把这个时刻追溯至 1958 年世界杯的半决赛，巴西队大败苏联队那场比赛的前 3 分钟，人称现代技术顶峰的苏联队被贝利、加林查和瓦瓦的控球技巧打败。正如讲解员路易斯·门德斯（Luis Mendes）所说，苏联队的科学系统在那一刻死去，他们派最好的球员上场，却无法测算加林查的技术。

世界上任何其他国家的球员。他们发现了一套提高学习速度的方法，而且他们自己同样也没有意识到，这种训练方法叫作精深练习。我们会发现,其应用并不局限于足球领域。

比如，参加一次舞会，你努力想记住某个人的名字。假如这个名字是别人告诉你的，那么忘记的概率很高。但如果是自己想方设法打听到的,那么它将被铭刻在脑海中。并非后者更重要，也不是记忆力提高了，仅仅是因为练习更深入了。

再比如你登上一架飞机，第 n 次观看机舱服务人员花一分钟时间清晰简明地演示救生衣的使用方法（播音员讲解道，“把救生衣穿过头部套到身上，然后将两根黑带子系到前面。拉下红色搭襻后,救生衣会自动充气”)。一小时后，飞机开始晃动。对讲机中传来机长急促的声音，要求乘客穿上救生衣。你需要多长时间才能穿好救生衣呢？这些黑带子要如何绕过来呢？这红色搭襻又有什么用来着？

这是另外一个场景：同一架飞机，但是这次不只观看穿救生衣的演示，你还要试穿救生衣。把那件黄色塑料衣服穿过头部套到身上，然后摆弄那些个带子和搭襻。一小时以后，飞机开始晃动，对讲机中传来机长的声音。这次穿好救生衣的速度会快多少？

精深练习是建立在一个悖论之上的：朝着既定目标挣扎前进，挑战自己的能力极限，不断犯错，会让你更聪明。类似的说法是，做那些不得不放慢节奏的事情，犯错并加以改正——就像爬冰山，刚开始的时候会滑倒，会跌跌撞撞，最后不知不觉中就变得敏捷自如。

“我们一直在寻找可以不劳而获的捷径，这绝对是一种糟糕透顶的学习方式。”罗伯特·比约克（Robert Bjork）是加州大学洛杉矶分校的心理学系主任，毕生致力于记忆和学习问题的研究。他是一位乐观的博学者，既擅长谈论记忆遗忘曲线，又会津津乐道地评论 NBA 球星奥尼尔。他认为奥尼尔应该在非常规的距离上练习投射，比如 14 码和 16 码，而不是在标准距离 15 码上练习。众所周知，奥尼尔的罚球命中率极低。（罗伯特的诊断意见是，“奥尼尔需要学习调整基本动作，不然将一直这么烂”。）

“那些看上去像是障碍的东西，长期来看，其实是有价值的，”罗伯特说，“亲自接触一次，哪怕只有几秒钟，也比旁观几百次远远有效。”

罗伯特解释道，其中的原因与我们的大脑构造有关。“我们总认为记忆系统就像一台录音机，但这种理解是错误的。我们的大脑是一个活体结构，就像一个几乎永远装不满的箱子。我们面对困难且克服困难的机会越多，脚手架就会变得越多。脚手架越多，我们学习新东西的速度就越快。”

进行精深练习时，世界的寻常规则暂时不再适用。时间利用效率提高，事半功倍。把自己置于杠杆的一边，遭遇的失败越多，你就翘得越高。窍门是设定一个稍稍超过自己现有能力的目标：设定努力的目标靶。盲目受挫毫无帮助，实现目标才能突破原有水平。

罗伯特说：“这就在于如何找到一个最佳位置，存在于现有能力与期望目标之间的最佳距离。一旦找到那个最佳位置，学习之旅就启航了。”

精深练习是一个奇怪的概念，理由有二。第一，它违背了人们对“人才”的第一印象。人们常会认为，练习与人才的关系就如磨刀石与刀具：前者固然重要，但是没有瓷实的刀片——即与生俱来的才能，仍是巧妇难为无米之炊。精深练习提出了一种诱人的可能性：它可能是一个锤炼刀片的过程。

第二个理由是，精深练习需要犯错，才可以转化为技能。而人们往往极力避免错误。所以，要理解精深练习是如何工作的，首先应该思考错误这个“讨厌鬼”在学习过程中扮演的重要作用。假设这样一个极端的例子：有件事情，一旦出错就很有可能性命难保，那么你又怎么能掌握做这件事所需的技能呢？

美国空军的飞行训练器

1934 年的冬天，富兰克林·罗斯福总统碰到了一个难题。美国陆军航空队的飞行员频频死于坠机，这些空中战士是军队中公认的技术尖子。而这些伤亡都不是战争所导致的，他们仅仅是冒着冬日的暴风雪天气为美国邮政送信而已。

这些坠机事件起源于一桩公司丑闻。此前不久，一项参议院的调查爆出，美国邮政将数百万美元的航空邮件运送业务外包给了几家商业航空公司，而这几家商业航空公司之间制定了价格垄断方案。罗斯福总统迅速做出反应，取消了那些外包合同。与此同时，航空队的上将们正急切盼望表现一下飞行员高涨的激情和大无畏的勇气（他们也想向罗斯福证明，航空队有资格独立成为一个军事分支，与陆军和海军平起平坐）。这些上将对航空队飞行员的认知大部分是正确的：他们充满激情，而且非常勇敢。但是在1934年那个暴风雪肆虐的冬天，航空队飞行员们纷纷坠机。20天内第9位飞行员丧生，3月10日一早，罗斯福把空军总指挥本杰明·弗罗伊斯（Benjamin Foulois）上将召至白宫。“将军，”总统严厉地问道，“这些航空信导致的坠机事件什么时候才能结束？”

这是个好问题，可能正是罗斯福的这个问题让飞行员整体训练项目得以发展。早期的飞行员培训建立在优秀的飞行员是天生的，而不是后天培养的基本理念之上。大部分的培训项目套用相同的程序：指导员带着有潜质的学生上飞机，在空中完成一系列的翻筋斗和横滚特技。要是这个学生没有不适的感觉,就认为他拥有成为飞行员的能力。经过几周的地面学习，就可以逐步上机操控。受训人员的学习内容就是滑行，或者开着那种机翼又粗又短的飞机做“企鹅跳”,或者直接飞上天空,边横冲直撞边暗自祈祷(“好运林迪”[①] 这个绰号可不是浪得虚名）。整套培训系统在当

① 原文为“Lucky Lindy”，指查尔斯·林白（Charles Lindbergh），第一个独自成功飞越大西洋的人。1927年5月，林白驾驶他的“圣路易精神号”（Spirit of St. Louis）单翼机，从纽约飞到法国的巴黎，历时33个半小时。此次壮举之后，涌现了一大批以“Lucky Lindy”为题的流行歌曲。——译者注

时就像是一个玩笑。一些陆军航空学校早期的死亡率接近25%。1912年，14名美国陆军飞行员中有8名死于坠机。直到1934年，航空技术和飞行技巧虽有所改善，但是培训方式仍然非常原始。罗斯福提出质问之后，“航空信丑闻”迅速在坊间传开，引出了这一尖锐的问题：是否存在更好的飞行培训方法呢？

答案来自一个毫不相干的人——小埃德温·艾尔伯·林克（Edwin Albert Link, Jr.）。他是纽约宾汉姆顿一位钢琴和风琴制造商的儿子，从小在父亲的工厂里帮工。林克拥有一副瘦削的身材，长着一个鹰钩鼻，从不听别人的意见，天生喜欢动手修修补补。16岁那年，他爱上了飞行，花50美元上了西德尼·卓别林（Sydney Chaplin，就是那位电影明星的同母异父兄弟）的一堂课。林克后来回忆道：“那一个钟头里，比较好玩的是做了翻筋斗和自转这些特技动作，低空飞行时，我看到了地面上的所有东西。感谢上帝，我没有吐。但是直到落地，我都没有碰到控制系统，一下都没有。我当时心想，‘这算哪门子教人飞行的方法？’”

林克对飞行的入迷有增无减。他开始出没于当地一些飞行杂技团，恳求他们传授飞行技能。林克的父亲不赞成他学习飞行，父亲发现之后，二话没说就把年轻的林克从风琴工厂赶了出来。但是林克坚持自己的理想，后来还买了一架四座的赛斯纳飞机。一直以来，这位工匠的脑海里始终萦绕着改良飞行员培训方法的念头。1927 年，距参加卓别林的飞行课程 7 年后，林克开始动手了。他从风琴工厂借来了风箱和鼓风机，开始制造一个装置，它比浴缸略微宽敞一点，里面集中了飞机上重要的操控按钮。这个装置包括一对粗短弯卷的机翼，一条细小的机尾，一个仪表盘，还有一个电动马达，整个装置可以在飞行员的操控下滚动、倾斜和侧滑。如果操作失误，机头的一盏小灯就会亮起。林克将它命名为“林克飞行训练器”，并广而告之：它能教会你进行普通飞行和仪表飞行——即在浓雾和暴风雪这种能见度极低的天气下，仅仅依靠仪表数据飞行。飞行员的受训时间比以往减半，而且所需的费用只是以往的一个零头。

如果说当时全世界都无视林克的训练器，那是不准确的。但事实上人们看过之后，都斩钉截铁地拒绝了。似乎他遇到的人对这个装置都不感兴趣——军事学校不理他，私人飞行学校不睬他，甚至连飞行杂技团都嗤之以鼻。毕竟，用孩子的玩具怎么能学到飞行技能呢？最具权威性的美国专利局宣布，林克的训练器是一项“新颖的、有商业价值的娱乐器材”，所以它似乎命中注定成为一台游戏机。林克卖了 50 台训练器给游乐园和投币游戏机场，只有两台真正用于培训：一台卖给了佛罗里达州彭萨科拉的海军飞机场，另一台租给了纽瓦克的新泽西国民警卫队。至 20 世纪 30 年代早期，林克落魄到用卡车拖着一台训练器走街串巷，在各地的乡村游乐场叫卖，25 美分玩一次。

然而 1934 年冬天，“航空信丑闻”事件发生了，一群航空队高级军官走投无路。凯西·琼斯（Casey Jones）是一名老牌飞行员，培训过许多陆军飞行员。他回想起林克的训练器，于是说服航空队军官们再考察一次。三月初，林克奉召从纽约科特兰的家中飞往纽瓦克，用租给国民警卫队的那台训练器做演示。当天乌云密布，不见天日，狂风大作还下起了瓢泼大雨。航空队指挥官们非常清楚在恶劣天气下飞行的可能后果。他们猜测，不管多么勇敢，技艺多么高超的飞行员，都不可能在这样的天气条件下飞行。正当他们打算离开机场之际，头顶云层里传来嗡嗡声，飞机正在平稳降落。林克驾驶的飞机就像幽灵一般出现在离跑道仅几英尺高的地方，轻轻触地后安全着陆，滑向那几位目瞪口呆的将军们。这个瘦削的家伙长得不像林白，但是飞得像他一样好，而且这一切竟然仅凭着仪表读数。林克继续介绍他的训练器。自有记载以来，书呆子第一次打破了军队传统，军官们理解了这个装置的潜力，订购了第一批林克训练器。七年后，第二次世界大战爆发，美国急需把数千名毫无飞行经验的年轻人培养成飞行员，越快越好，同时保证安全。这时，1 万台林克训练器帮了大忙；直到战争结束，有 50 万空中战士在这种仪器里训练了数百万个小时，他们亲昵地称之为“蓝盒子”[①]。1947 年，航空队独立成为美国空军，而林克继续为喷气式飞机、轰炸机设计模拟器，还为阿波罗计划设计了登月舱模拟器。

林克的训练器可以让飞行员的练习更加深入：停下，犹豫，犯错，并从中吸取经验。在林克训练器里坐上几小时，飞行员可以在操作面板上“起飞”、“降落”十几次。可以俯冲、失速，再调节恢复正常，可以在那个挑战自己能力极限的最佳位置上停留数小时，而在真正的飞机上是不可能冒这个险的。那些用林克训练器训练出来的航空队飞行员并非比那些失事的飞行员更勇敢、更聪明，而只是多了一个精深练习的机会。

① 军方对林克训练器的效力认识显然仅限于此。在第二次世界大战爆发前几天，林克获准出售数百台训练器给日本、德国和苏联，直接造成双方都训练有素，在多次空战中打成平手的局面。

培训那些高危职业，诸如战斗机飞行员和宇航员，精深练习这个概念完全合情合理。而应用在其他技能训练上就变得更有意思了，比如那些巴西足球运动员。

巴西队的秘密武器

正如全世界的足球迷一样，塞门·克里夫德（Simon Clifford）也为巴西球员那种超自然的球技所着迷。然而，跟大多数球迷不同的是，他打算跑去巴西，亲自找出他们训练出如此高超的球技的方法。从克里夫德的以往经历判断，这是一次不同寻常、雄心勃勃的行动，因为他全部的教练经验来自根本算不上足球人才温床的英国利兹的一所小学。然而，克里夫德绝不是你们想的“一般人”。他身材高大，英俊潇洒，散发着超凡的魅力，拥有君王和传教士般坚定的信心。20 来岁的克里夫德在一场惨烈的足球事故中严重受伤，内脏受损，移除了肾脏——也许，最终后果是让他对每一天都保有极度的热情。1997 年夏天，26 岁的他带着从教师协会借的 8 000 美元、一个大背包、一部摄像机以及一本通讯录，上面记满了他从一名偶遇的巴西球员那套出来的电话号码，出发前往巴西。

到了巴西之后，克里夫德的大部分时间花在研究人山人海的圣保罗上，晚上睡在蟑螂横行的寝室里，白天潦草地记录笔记。他见到了许多预想中的东西：热情、传统、组织有力的培训中心、超长的训练时间（巴西足球学校里的年轻队员们每周练习 20 小时，而英国每周只练习 5 小时）；也见到了贫民窟里的那种赤贫，以及球员眼中的绝望。

但是克里夫德还看到了一些意料之外的东西：一个奇怪的游戏。它使用一只只有足球的一半大小，但是重一倍的球，这只球完全没有弹性。球员不是在广阔的草地上练习，而是在一块块篮球场大小的水泥场地或木地板场地上练习，有时是在空地上练习。每边也不是 11 位球员，只有五六个。游戏的节奏更像篮球或曲棍球，而不像足球，令人目眩。包括一系列复杂的动作，有组织的快速传球以及在底线之间不停地跑动。这个游戏叫作 futebol de salao（葡萄牙语，意指“室内足球”），现代版的化身叫作 Futsal（室内五人制足球）。

克里夫德说：“在我看来，这显然就是巴西足球绝技诞生的地方。我仿佛找回了丢失的环节。”

室内五人制足球是一位乌拉圭教练于 1930 年发明的雨天训练项目，之后巴西人立刻采用了这种训练方法，并在 1936 年制定了第一套规则。从那以后，这个游戏就像病毒般蔓延开来，尤其在巴西那些拥挤的城市里。很快，它就在巴西的体育文化中占据了特殊地位。其他国家也玩室内五人制足球，但不如巴西那般情有独钟，一部分原因是这个游戏不受场地限制（那些没有大片草地的国家可以照玩不误）。巴西孩子对室内五人制足球的热爱，就如同美国孩子对自发组织的街头篮球赛的追捧。《足球：巴西人的生活方式》（*Futebol: The Brazilian Way of Life*）的作者亚历克斯·贝洛斯（Alex Bellos）写到，室内五人制足球被认为是“巴西灵魂的孵化器”。

孵化器在球员的传记里亦有所呈现。自贝利之后，实际上每位优秀的巴西球员小时候都玩过室内五人制足球。一开始他们是在街道上，后来是在巴西的足球学校里。在那里，从 7 岁到 12 岁的球员每周都有三天的时间用于练习室内五人制足球。顶尖的巴西球员在这个游戏上都花费了上千小时，比如球星儒尼尼奥，他 14 岁之前从没在草地上踢过正常大小的足球；罗比尼奥在 12 岁之前，有一半的训练时间是在踢室内五人制足球。

就像葡萄酒商鉴别优良的葡萄品种，如圣保罗大学的足球教授艾米利奥·米兰达博士（Dr. Emilio Miranda）那样的行家，也能够从著名的巴西足球绝技里分辨出室内五人制足球的影子。“神龙摆尾”动作在罗纳尔多之后风靡全球，就像玩悠悠球般牵着足球进进出出，他是怎么做到的？源自室内五人制足球。脚尖点球入网（toe-poke goal），罗纳尔多在 2002 年世界杯上以此得分，又是如何实现的？源自室内五人制足球。像世界波、头球过人这些动作都源于室内五人制足球。我告诉米兰达，自己原来以为巴西人在沙滩上踢球，从而练就了这些绝技。他笑了：“记者飞抵此地就冲向沙滩，拍照片写故事。但伟大的球员不是从沙滩走出来的，而是从室内五人制足球球场走出来的。”

这背后的道理就在于一堆数字。室内五人制足球球员接触球的次数远多于普通足球球员。越小越重的球，越需要精准的控制能力，这样球员就掌握了越精准的控球技巧——正如教练们指出，仅凭一股蛮力带球冲向前场无法让你突破重围。准确的传球是最重要的：足球就是寻找角度和空隙，与其他队员快速配合。控球和视角是关键，所以当室内五人制足球球员踢标准的足球比赛时，就感觉自己拥有了大量的空闲场地来完成那些动作和配合。我和米兰达博士在圣保罗一起观看室外职业足球时，他从球员的控球表现中就能看出来哪些球员练过室内五人制足球，练过室内五人制足球的球员不在乎对手逼得多近。米兰达博士总结道：“即时反应和逼仄的场地造就了高人一等的技巧。室内五人制足球是我国即兴足球的实验室。”

换言之，巴西足球之所以有别于其他国家，是因为他们采用了体育界的林克训练器。室内五人制足球将足球的基本技巧压缩装进一个小盒子；把运动员放在精深练习区，犯错并改正，时刻解决各种鲜活的问题。与室外那宽广辽阔、生机无限的场地相比，运动员接触球的时间多了600%，不知不觉中技术就突飞猛进。澄清一点，室内五人制足球不是巴西足球唯一的成功因素。其他那些经常被提及的因素，诸如气候、热情和贫穷，确实起着作用。但是室内五人制足球是一根杠杆，其他因素通过这根杠杆传递着它们的能量。

塞门·克里夫德一见室内五人制足球就非常兴奋。回国之后，他辞去教职，成立了五人制足球国际联盟，在自家闲置房间里训练初高中的孩子，他将这个足球培训项目命名为“巴西足球学校”。克里夫德根据室内五人制足球的动作设计了详尽的训练方法。球员们大部分来自贫穷艰苦的利兹地区，他们开始模仿济科和罗纳尔多的动作。为了制造气氛，克里夫德还用立体声大音响播放桑巴舞曲。

利兹人在听说克里夫德的计划之后一笑而过。然后，眼见着学校真的办起来了，面对那样的场面他们差点笑死过去。数十个约克郡孩子，苍白的脸色、红扑扑的脸颊、粗壮的脖子，踢一个沉甸甸的小球，跟着桑巴舞曲的节奏学习花里胡哨的技巧。那很傻，除了一点——克里夫德是对的。

四年后，克里夫德的学校 14 岁以下年龄组打败了同年龄段的苏格兰国家队；接着又打败了爱尔兰国家队。利兹队中有一位叫米卡·理查兹的后卫，现为英格兰国家队成员。克里夫德已经在全世界 12 个国家设立巴西足球学校，他相信，那里将走出更多的球星。

THE TALENT CODE

02

才能细胞

他使高尔夫球成为全球化运动；他是全球身价最高的超级体育明星；他的“偷腥门”为美国政府节省了 50 亿美元。

他就是老虎伍兹（Tiger Woods）。他拥有 1/4 中国人血统，1/4 非裔美国人血统，1/4 泰族血统，1/8 印第安人血统，以及 1/8 荷兰人血统。

他 3 岁时就击出了 9 洞 48 杆的成绩，18 岁时成为最年轻的美国业余比赛冠军。1996 年夏天，开始了他野心勃勃的职业生涯。1997 年老虎伍兹成为历史上最年轻的美国名人赛冠军，以及第一个赢得大满贯赛的亚非后裔。据统计大约 2 000 万美国人收看了名人赛，据说这样高的收视纪录至今还没有任何体育明星能打破。

从历史上第一个职业高尔夫黑人球员，到坐上世界排名第一的宝座，伍兹用了 3 年的时间，他也成为用最短时间实现高尔夫大满贯的最年轻球员。

我一直认为，除了傻子，人在智力上差别不大，不同的只是热情和努力。

——查尔斯·达尔文

安装神经带宽

精深练习这个概念如此神奇，好像魔术。克拉丽莎以平庸的音乐资质，在6分钟内达到了一个月的练习效果。一位从没开过飞机的飞行员在林克训练器里待了几小时后，就学会了这项新技能。目标明确的练习能够将学习速度提高10倍，这听起来就像那个神话故事，一小把种子长成了一根有魔力的长藤，长藤通往成才的天堂。

踏上访问之旅没多久，就有人给我介绍这种在显微镜下才能看清的物质——髓鞘质（myelin）。图 2-1 就是髓鞘质的构造。这张照片显示的是髓鞘质形成早期的形态；有些神经纤维的髓鞘质绝缘外皮会厚达 50 层。

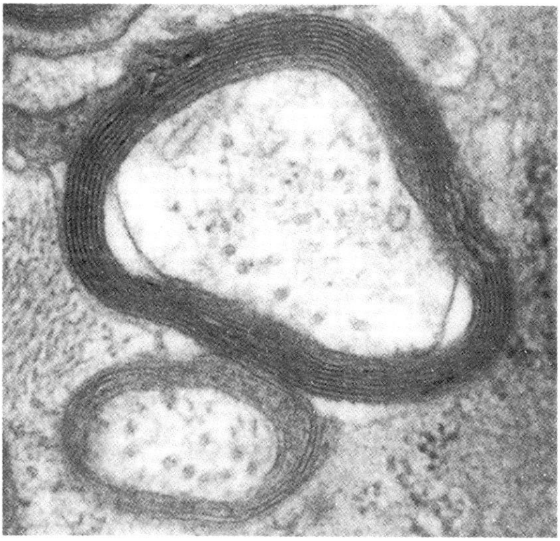

图 2-1　才能之物：两条被髓鞘质包裹的神经纤维的横切面

髓鞘质的其中一个作用让稳重的神经学家都惊喜万分，他们不想失态，想尽力维持神经学家那副严肃正经的样子。但是髓鞘质让他们端不起架子，髓鞘质的发现改变了他们对世界的看法。

“哇，这真是了不起！虽然相关研究还处于初级阶段，但这可是惊天动地的消息。”马里兰州贝塞斯达（Bethesda）的美国国家卫生研究院设有一个神经生物发展实验室，道格拉斯·菲尔茨博士（Douglas Fields）是实验室的负责人。

“简直是革命性的发现！”加州大学洛杉矶分校的神经学教授乔治·巴特克斯博士（George Bartzokis）告诉我。髓鞘质是“交流、阅读、学习技能、人之成为人的关键”。

“神经元完成的每一个动作都非常迅速，就在开关的一开一合之间。”菲尔茨谈及突触时说，“但是一开一关不是我们学习大多数事物的方法。弹好钢琴，下好象棋，打好棒球都非一日之功，但都是髓鞘质所擅长的。”

巴特克斯问：“优秀运动员训练时都做了些什么？训练中，他们沿着回路产生精确的脉冲，从而发出信号把那条线路髓鞘质化。所有的训练完成后就拥有了超强的线路——畅通的带宽，高速的 T3 传输线，就是那条线路让他们出类拔萃。”

我咨询菲尔茨，髓鞘质是否与人才温床现象有关系。

他斩钉截铁地答道：“我相信，韩国女高尔夫球员平均来说比其他国家的运动员拥有更厚的髓鞘质。她们大脑中相应位置上有更多的髓鞘质，控制相应的肌肉群，从而使她们的神经回路效能最大化。同样的道理也适用于类似的团体。”

“老虎伍兹呢？”我问道。

“老虎伍兹绝对是的。”菲尔茨回答，“那家伙有许多的髓鞘质。”

对我们来说，髓鞘质的工作原理把各个人才温床，以及我们大家连接在一起。人才和技能的故事就是髓鞘质的故事。

克拉丽莎并不知情，但是她在精深练习《金色婚礼》时，发出信号优化神经回路，即生长髓鞘质。

当航空队飞行员在林克的训练器里进行精深练习时，他们发出信号优化神经回路，即生长髓鞘质。

当罗纳尔多练习室内足球时，比起室外足球场上的训练，他发出了更多更准确的信号优化神经回路，长出了更厚的髓鞘质。

正如其他伟大的顿悟，对于髓鞘质重要性的认知撼动了旧观念。拜访菲尔茨之后，我感觉自己带上了 X 光眼镜，可以用一种全新的视角看待这个世界。我发现，髓鞘质原则不仅适用于人才温床，同样也适用于一位环法自行车大赛的车手。为了撰写一本新书，我花了一年的时间跟踪兰斯·阿姆斯特朗（Lance Armstrong），观察他如何准备这项被公认为世界上最困难的比赛。关注错误、渴望成功、不知疲倦地挑战极限的激情，一切尽在清晰易懂的神经机理中，好似迷雾中点起了一盏明灯。

问：为什么目标明确、重视错误的练习如此有效呢？

答：因为构建一条好的神经回路，最佳的方法就是开启电流，处理错误，然后重启，就这样一遍遍重复这个过程。努力拼搏不是无关紧要的过程，而是生理上的必经之路。

问：为什么激情和坚持是才能的关键因素？

答：因为给一个庞大的神经回路包裹上髓鞘质需要大量的精力和时间。如果你不爱它，就不可能全力以赴，达到巅峰水平。

问：卡内基大厅怎么去?

答：沿着髓鞘质大街一直走。[①]

菲尔茨54岁，身体健壮，精力充沛。他之前是海洋生物学家,现在负责一间有6名工作人员的实验室。此外，菲尔茨拥有船长特有的脾性：越令人激动的事情，就让他讲得越无聊。比如他告诉我，有一次他花36天的时间攀爬1 000多米高的优山美地酋长岩，那段经历令他此后两年暑假再次前往。我问他，在离地上千米的地方被绳子吊着睡觉的感觉如何？“实际上没啥不同，人会适应的。”菲尔茨回答道，脸上的表情一如既往地平静，仿佛在谈论去杂货店买日用品。

菲尔茨从孵化器里提取出一个粉红培养皿，放在显微镜底下。“看。”他说，声音依然平静。

我俯身向前，怀着见识科幻世界神奇物质的期望，却只见到了一堆纠结缠绕，状若意大利面条的细线。菲尔茨告诉我，那就是神经纤维。髓鞘质更是难以辨识，它只是神经元边缘微微起伏的条纹。我揉揉眼睛，再度睁开，

① 卡内基大厅是美国古典音乐与流行音乐界的标志性建筑。民间流传着一个关于该大厅的笑话：“问：‘我怎么才能去卡内基大厅？’答：‘练习，练习，再练习。’”——译者注

努力想象这个东西如何将莫扎特和迈克尔·乔丹这些天才联系在一起的，至少它也是高尔夫挥杆技能提高的关键所在。

幸亏菲尔茨博士是一位好老师，在我们前几日的交谈中，他解释了两个原则，有助于理解髓鞘质和技能之间的关系。与他的谈话同许多神经学家的交流一样，好像在登山：有点累，但是你会获得全新的、高屋建瓴的视野。

THE TALENT CODE

科学洞见第一条：实际上，所有动作都是神经纤维链之间沟通的结果。

基本上，人们的大脑就是一堆线路——10 亿条叫作神经元的线路，由突触将每一条线路连接起来。不管什么时候，你做一件事情，大脑就发出一个信号，通过那些神经纤维链传导到你的肌肉。无论是唱个小曲，还是在高尔夫球场挥杆，甚至在阅读这个句子的时候，分管的线路就会在你脑中亮起，有点像一串串圣诞装饰灯。最简单的技能，比如网球的反手击球，也要涉及数十万条线路。

基本上，每条线路都类似于图 2-2。

输入部分包含了动作发生之前的所有事件：看到球，感觉球拍在手中的位置，做出转向决策。输出部分就是动作本身：发出肌肉运动的指令，在正确的时机、向正确的方向跨步，转臀，然后动肩和手臂。

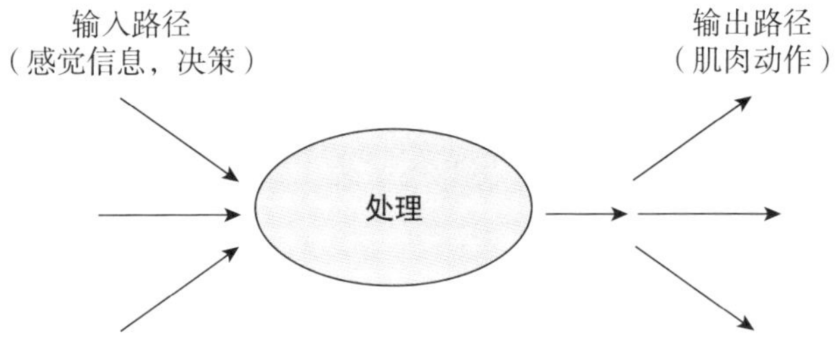

图 2-2　反手击球的线路

当你反手击球（或者弹奏一个 A 小调和弦，或下一步棋）时，脉冲电流就会沿着神经纤维游走，启动其他神经纤维。重点是，人类动作、思维和技能的真正控制中心就是这些线路，而不是那些盲从的肌肉。从深层次的意义上来说，线路就是动作：它精确地决定了每次肌肉收缩的强度和时间间隔，每个想法的形式和内容。懒散笨拙的线路意味着懒散笨拙的动作；相反，协调干练的线路意味着协调干练的动作。肌肉和骨骼本身就像是没有牵线的木偶而已。

菲尔茨博士说：“技能都在人们脑中。”

THE TALENT CODE

> 科学洞见第二条：技能线路锻炼得越多，使用就越自如。

进化的强烈需要造就了“自动化”（我们能够在无意识中处理的事情越多，就越可能觉察到潜伏在树丛中的猛兽）。它还创造出一种非常有说服力的幻觉：人们一旦掌握了一项技能，就会感到收放自如，仿佛它是我们与生俱来的。

这两大科学洞见就是一对矛盾结合体：我们每时每刻都在锻炼纷繁复杂的线路，仿佛点亮圣诞灯饰，但同时又忘记了自己加工过这些线路。我们接下来将要介绍的髓鞘质可以做出解释。

说髓鞘质单调是对它的赞美。髓鞘质不光看着单调，它的无趣更是令人难以置信、叹为观止。如果把大脑的构造比作《银翼杀手》（*Blade Runner*）里的城市风光：神经元结构光芒四射、灯光摇曳，脉冲电流呼啸而过，那么髓鞘质的角色就好比是铺有简陋的沥青，整齐划一，又有点呆板的市政基础设施。髓鞘质由一层称为磷脂膜的普通物质和一层厚厚的脂肪组成，它们像绝缘胶布那样包裹着神经纤维，以防止电流脉冲外泄。它的柱状体外形毫无诗意，是一位神经学家所说的“香肠状”，而且看起来确实挺像。

一个世纪以来，研究人员一直把重点放在神经元和突触上，而不是那似乎有点呆板的绝缘体。事实证明，研究人员是对的——神经元和突触确实可以解释几乎所有的心智现象：记忆、情绪、肌肉控制、感官知觉等等。但有一个关键问题，神经元无法解释：为什么人们学习复杂技能需要如此长的时间？

相关研究越来越多，逐渐拼出一幅新画面。髓鞘质尽管只是基础设施，却拥有功能强大的节点：在大脑这个辽阔的大都市里，髓鞘质悄无声息地把窄巷子变成了宽阔、可供飞速奔驰的超级公路。神经系统这辆客车曾经只能承受两英里（约 3.2 千米）的时速，有了髓鞘质之后，就能以每小时 200 英里（约 322 千米）的速度呼啸而去，使无刺激反应时间（指两次信号之间的等待时间）下降了 30 倍。提高的速度和下降的无刺激反应时间结合在一起，整体信息处理能力增加了 3 000 倍——堪称“宽带”。更可贵的是，髓鞘质能够调控速度，偶尔减慢信号传递速度，从而确保它们在最佳时刻到达突触。**把握时间点至关重要。**

菲尔茨博士说："信号必须以合适的速度传输，在正确的时刻到达，而髓鞘质正是大脑控制传输速度的方法。"

比如说，老虎伍兹的高尔夫挥杆动作。传入的几股脉冲必须几乎同时到达——有点像两个小人试图一起推开一扇沉重的大门。各个脉冲到达的时间间隔要求在 4 毫秒以内，约是蜜蜂扇动一次翅膀所需时间的一半。如果它们的到达时间前后相差大于 4 毫秒，大门将依然紧闭，那关键的第三条神经元就不会启动，高尔夫球就飞进了深草区。

虽然目前为止，准确的最优化理论机制仍然是个传说，但是所有的发现拼在一起，呈现出了一个如此优雅的流程，连达尔文都为之欢欣鼓舞：释放神经信号促进髓鞘质生长，髓鞘质控制脉冲速度，脉冲速度就是技能。

菲尔茨博士说："突触的变化仍然是学习过程的关键，但髓鞘质对如何提高学习效率起着巨大的作用。"

髓鞘质理论令人印象深刻。但是，驻留在我脑海中的是它接下来向我们呈现的一个场景：处于精深练习中的大脑变化。我们沿着狭窄的大厅，来到一位同事的办公室，看到的景象仿佛凡尔纳（Jules Verne）笔下的海底世界：

在一片漆黑中，泛着绿光的鱿鱼状物质伸

出触角指向细长的纤维。菲尔茨告诉我，这些鱿鱼状物质是少突胶质细胞——按实验室里的行话叫磷酸寡核苷酸，生成髓鞘质的细胞。一旦神经纤维被启动，磷酸寡核苷酸就感觉得到，牢牢地吸附住纤维并开始包裹纤维。磷酸寡核苷酸挤压自己的细胞质时，每个触角都时而卷曲，时而伸展，直到留下一层薄如蝉翼的髓鞘质。髓鞘质仍然附着在磷酸寡核苷酸上，开始一层层地包裹神经纤维，严丝合缝，巧夺天工，然后在两端旋转收缩，活脱脱一根香肠，最后沿着纤维一圈圈缩紧，就像旋紧螺帽。

菲尔茨博士说："这是世界上最复杂、最精致的细胞自我分裂过程之一。这个过程非常缓慢，每一层都要绕神经纤维四五十次，需要几天甚至几周时间。想象一下，先在其中一个神经元上完成这个过程，接着是拥有成千上万条这样的神经纤维的整个神经回路。这就好像给横穿大西洋的电缆裹上绝缘体。"

一言以蔽之：我们每次进行挥杆、弹吉他和弦、下象棋开局这些技能的精深练习时，都在缓慢地给线路增加带宽。那些绿色小触角感知到释放的信号，遂伸向神经纤维。吸附，然后挤压，再包裹一层，加厚外皮。线路上多裹一点绝缘体，技能回路的带宽和精确性就增加一点，表现出来的就是技能和反应速度上的些微提升。犯错绝不是可有可无的——从神经学的角度来说，这是必需的：要想使技能回路达到最佳状态，必须先找到次佳位置；你必须犯错误,并关注这些错误；你得慢慢地锻炼自己的回路。你还必须持续开启那个回路（练习）以保持髓鞘质运作正常。毕竟，髓鞘质是活体组织。

10000 THE TALENT CODE

髓鞘质的原则

1. 回路放电至关重要。髓鞘质不会凭着天真的愿望、模糊的想法，或者那些洗个热水澡就忘光光的东西而生长。这种生理机制只钟情行动：真真实实的电流脉冲传过神经纤维。它钟情坚持重复。随后的几章我们将讨论这其中包含的进化原委，现在你只要记住，精深练习的动力来自原始状态，即时刻警惕、忍饥挨饿、目标明确，甚至绝望挣扎的状态。

2. 髓鞘质包罗万象。以不变应万变。髓鞘质并不“知道”自己会被谁拿来使用，是（棒球的）游击手？还是舒伯特乐章的演奏者？无论何种用途，它的生长遵照同样的规则。髓鞘质一视同仁：哪条回路开启了，哪条回路就会包裹上绝缘体。如果你移居中国，髓鞘质将包裹那些帮助你掌握普通话的纤维。换句话说，髓鞘质不在乎你是谁，只在乎你做了什么。

3. 髓鞘质无法逆转。髓鞘质化就像铺路，只朝一个方向前进。一旦技能回路包裹上了绝缘体，你就无法去除这层绝缘体（除非年龄或疾病）。这就是为什么习惯很难打破。改变旧习惯的唯一办法是重复新动作以养成新习惯。

4. 髓鞘质与年龄。儿童时期，髓鞘质会一波接一波地生成，有些由基因决定，有些与活动相关。这个状态一直持续到 30 多岁，为人类提供了一个轻松掌握新技能的关键期。此后，髓鞘质还会继续生长。直至 50 岁，损失的速度将快过生长的速度。人的一生都能够髓鞘质化——值得庆幸的是，5% 的磷酸寡核苷酸一直处于不成熟状态，随时待命。但是，假如有人希望在晚年学习一门语言或一样乐器，那么他会发现，为生成必要的回路所付出的时间和汗水要多得多。这就是为什么绝大多数世界一流的高手自幼就进入该领域。他们的基因并没有随着年龄增长而改变，只是生长新髓鞘质的能力不一样了。

在某种层面上，髓鞘质跟另一个已经非常成熟的生理机制相似，即人们每天都在使用的肌肉。以某种方式锻炼肌肉——努力提起勉强可以提起的东西——肌肉就会越来越强壮。如果正确训练自己的技能回路——在精深练习时，努力完成那些勉强可以完成的事情——技能回路也会越来越敏捷和准确。

人们对肌肉的看法已经改变了。直到20世纪70年代，跑马拉松或练健美的人还很少；从事该运动，并且表现出色的人被认为天赋异禀。当我们发现了人类心血管系统实际的运作方式后，就颠覆了那个看法：人们可以通过制定有氧训练或无氧训练系统目标来提高，通过逼自己挑战极限——举起更重一点的东西或跑得再远一点——来强化心脏和肌肉。利用这套生理机制的强大潜能，普通人原来也可以慢慢地拥有健美的身材或者成为马拉松运动员。

过去的150年里，我们用达尔文提出的“基因和环境”（又称“先天和后天”）这个模型来解释人才。在我们相信的成长历程中，基因赋予一个人特殊的禀赋，而环境又提供特殊的机会发挥这些禀赋，两者相结合就塑造了人才，就如几个幸运数字加在一起就会产生一张中奖彩票一样。在偏远贫穷的巴西人才温床看到的成功，人们都愿意将其归因于“人穷志更高”（却绝口不提这个世界充满了这样的人，贫穷绝望，不计代价，只想在足球界一举成名）。但是新的模式表明，人才温床的成功不是因为那里的人更努力，而是因为他们朝着正确的方向努力——练习得更深入，生成了更多的髓鞘质。观察再仔细一点，就会发现，那些人才温床并不完全都是弱者的故乡。就像大卫一样，他们找到了正确的方式对付歌利亚。

勇敢者的冒险

一位神经学家指出，直到几年前，全世界所有的髓鞘质研究者聚在一起都坐不满一家餐厅。这不代表研究髓鞘质的科学家没有意识到它的巨大潜力，也不代表新的模式没有影响他们认识世界的角度。实际上，这意味着他们内心深处期望能够进行一次全面系统的研究，分析髓鞘质与人类技能学习的关系。

这个愿望可不简单。理想的范围将非常广泛。它需要分析所有类型的技能、所有可能环境下的发展，大规模地跟踪调查球员、艺术家、歌手、物理学家这一长串人才队伍，衡量每一种技能。这将是一个诺亚方舟式的项目，在那群正忙于研究培养皿的研究人员眼中，开展如此宏大的研究是一个浪漫得难以抗拒、还透着一丝古怪的念头。哪个疯狂又精力充沛的人会开展这个项目呢——又一个诺亚？

此时，安德斯·埃里克森（Anders Ericsson）走进了我们的视线。

一万小时法则

埃里克森出生于1947年瑞典斯德哥尔摩北部的郊区，他从小仰慕著名的探险家，尤其是斯文·赫定（Sven Anders Hedin），斯堪的纳维亚版的印第安那·琼斯（电影《夺宝奇兵》主角），世纪之交的先驱。赫定拥有令人无法抗拒的品质，他同时享有才华卓绝的语言学家、考古学家、古生物学家、艺术家、地理学家的称号。他的足迹远至蒙古、喜马拉雅山脉，经常死里逃生，还撰写了数部著作。埃里克森在那狭窄的小卧室里阅读赫定的作品，想象自己正在探索发现他的世界。

然而长大后，埃里克森的梦想遭遇挫折。人类的足迹似乎早已遍布所有的疆界，地图上的空白早已被填满。自己似乎也没有赫定那般的才能。虽然数学不错，但是不擅长足球、篮球、语文、生物和音乐。15 岁那年，埃里克森发现自己国际象棋下得不错，常常能在午休时候的比赛中打败同学。他仿佛找到了自己的天赋所在，可惜只维持了几个星期。有一个男孩曾是组里最差的棋手，棋艺竟然突飞猛进，每次都大败埃里克森。埃里克森气疯了。

他对此十分好奇。“我真的想了很多。”他说，“到底发生了什么？为什么之前的手下败将，现在能轻松击倒我呢？我知道他在学习，参加国际象棋俱乐部，但是到底这背后发生了什么事？从那以后，我刻意避免深入钻研某项技能。我逐渐痴迷于研究高手，而不是成为一名高手。”

20 世纪 70 年代中期，埃里克森在瑞典皇家工学院学习心理学。当时，心理学领域正处于尴尬的过渡时期，分裂出两大背道而驰的思想流派：一方面是弗洛伊德与他提出的如幽灵般压抑的潜意识本能；另一方面是目光坚毅的行为主义学派，他们宣称人类体内的心理过程是不可知的，人体只是比输入输出的数据采集过程稍微复杂一点而已。但是，心理学世界正处于翻天覆地的变化中，认知革命正在深入英美国家的高校。新运动由一群身份各异的学者推动，有心理学家、人工智能专家、神经学家，他们认为人类大脑的内部运作既不是不可知的，也不是由神话般的潜意识本能控制，而是由一台在进化中形成的“电脑”操控。

此外，瑞典正在享受一个艺术和体育的黄金时代：瘦弱的无名小卒比约恩·博格（Bjorn Borg）技压温网群雄，英格玛·伯格曼（Ingmar Bergman）统治世界电影界，英格玛·斯滕马克（Ingemar Stenmark）统率各路滑雪英豪，阿巴合唱团（ABBA）占领了流行音乐领域。埃里克森相信，所有这些风马牛不相及的信息混合在一起，就是他一直在寻找的那样东西：一片全新的冒险之地。什么是才能？是什么东西造成了成功人士与普通人之间的差异？大师从何而来？

埃里克森说：“我一直在寻找一个放飞自己的领域。我对人们是如何获得伟大成就的这件事很感兴趣，而当时，这被看作探索超能力的命题。”

经过一系列的研究，埃里克森大彻大悟——看到了一片等待探索的领土，值得他的英雄赫定前往一探的领土。

从此埃里克森在“人才”这个王国里流连长达30年，他探究技能表现的方方面面，观察各种职业——护士、体操运动员、小提琴手、标枪选手、拼字选手、打字员、特种部队官员，并对这些职业技能加以研究。他没有观察髓鞘质（他是一名心理学家，不是神经学家。何况弥散张量成像技术还未出现），相反，他从一个同样重要的角度研究了技能学习过程：练习。具体来说，他测量了练习的时间和特点。

埃里克森与该领域的同事们一起奠定了杰出的成就基础理论（这个理论收录在数本书中，最近收进了厚如圣经的《剑桥手册之专门技能与专家表现》[*Cambridge Handbook of Expertise and Expert Performance*]）。其核心原则就是一项统计数据：

> 任何领域的任何专家都要经过 10 000 小时专心致志的练习。

为了方便起见，我们可以认为“刻意练习”和“精深练习”基本上是一回事。顺便提一句，埃里克森对髓鞘质概念很感兴趣。

埃里克森表示：“我发现这种关联（髓鞘质和技能之间的）非常有趣。”

埃里克森同赫伯特·西蒙（Herbert Simon）、比尔·蔡斯（Bill Chase）等研究人员共同验证了诸如“十年法则”之类的标志性理论。那是一项有趣的发现，可追溯至1899年。该法则认为，在任何领域（小提琴、数学、国际象棋等）要想获得世界级的专业能力，大概需要10多年时间专心致志的练习。象棋神童鲍比·菲舍尔（Bobby Fischer）17岁就奇迹般奠定了大师地位，但在这之前他也投入了9年时间的艰苦训练。这一法则通常用来确定合适的启蒙时间：比如网球女运动员的体力巅峰在17岁，所以她们应该从7岁开始练习；男运动员的巅峰来得较晚，所以9岁也行。但是10年一万小时的法则含有更普遍的含义。它意味着所有的技能都可以通过同一套基本生理机制获得，并且进一步指出，该生理机制有其生理极限，无人能幸免。

许多人相信，埃里克森的研究激发了一些尖锐的直觉上的异议：什么是与生俱来的才能？年轻的莫扎特才华冠世，听一次就能抄写下整首乐曲，这是怎么回事呢？牛人们随手弹段钢琴或者拿起一个魔方，其表现就不是一般的厉害，这又是怎么回事呢？埃里克森和同事们都会拿出一堆客观的数字。《解读天才》（*Genius Explained*）一书中，塞特大学的迈克尔·豪（Michael Howe）博士估计，莫扎特在六岁生日之前，他父亲已经指导他练习了 3 500 个小时，这一点足以让他的音乐记忆给人留下深刻印象，而不是其掌握的技能。学者往往在某一具体的领域有所建树，对某一专业知识或技能拥有清晰的逻辑性（钢琴和数学，相应地，还有即兴喜剧和小说写作）。此外，学者通常事先积累了大量与该领域打交道的经验,例如在家听音乐等。研究表明，这种天才的真正特长在于他们能够静下心来进行精深练习，甚至表面上根本看不出来他们在练习。

埃里克森总结道："天才拥有的细胞类型，我们其他人也拥有。"

这并不意味着，不存在这样一群天生拥有强烈的进步愿望的人——心理学家埃伦·温纳（Ellen Winner）将这种愿望称为"大师的激情"。但是，这种自我驱动的精深练习者很少见，而且他们具有强烈的自明性。

如果你非要问自己的孩子是否拥有大师的激情，那么根据经验来说，答案肯定是"没有"。

把埃里克森的研究与新的髓鞘质研究叠加在一起，就接近技能的通用理论了。我们试图用一个公式来表达：

精深练习 × 一万小时 = 世界级技能

但是更有用的是，我们通过这个视角看清了天才理论的运作机制。一旦发现两个互不相干的世界之间隐藏着关联，我们就会开始问一些奇怪的问题，比如，勃朗特姐妹和滑板男孩（Z-男孩）有什么共同点吗？

THE TALENT CODE

03

天降人才

金妍儿，韩国花样滑冰运动员，第一位在自己的职业生涯所有比赛中未下领奖台的女单选手，是美国《时代周刊》评出的全球100位最具影响力人物入围者。

她7岁开始接触滑冰，13岁时第一次参加国际比赛便赢得冠军，14岁时成为最年轻的国家队队员。此后她代表国家，创造了一个又一个的辉煌。

和大多数运动员一样，金妍儿在她的运动生涯中挥洒了无数汗水。她在自传《七分钟的剧场》中这样写道："烧水的时候，即使你花费很多力气，将水烧到99℃，但如果无法超越最后的1℃，水永远都不会烧开。水沸腾前的最后那一摄氏度，想放弃的那一分钟，只有承受了这一分钟，才能打开下一道门。这样才能进入我所梦想的世界。"

勤奋与坚韧造就了女王的辉煌。

> 优秀是一种习惯。
>
> ——亚里士多德

从天而降的女孩

大部分有关人才的故事都惊人地雷同：一个孩子从天而降，完全没有预警，打破了日常生活的平静。这个孩子在绘画或数学或棒球或物理方面拥有神奇的天赋，他凭着自己的才华，改变了自己的生活以及身边的人们。

在讲述青年才俊的耀眼成就的故事中，勃朗特姐妹的故事是最有吸引力的。伊丽莎白·盖斯凯尔在 1857 年写就的《勃朗特传》（*The Life of Charlotte Brontë*）中定下了整个故事的基调。故事是这样的：在西约克郡霍沃斯遥远的芒野上，夏洛蒂、艾米莉、安妮三姐妹住在一间四面透风的牧师寓所里，她们早年丧母，由冷漠且专制的父亲管教。她们英年早逝，在死前却留下了许多精彩的作品。在盖斯凯尔的笔下，勃朗特姐妹的事迹是一个悲剧性的传奇，其中最神奇的部分是，她们创作了英国文学史上最伟大的作品：《简·爱》《呼啸山庄》《阿格尼丝·格雷》，还有《女房客》。盖斯凯尔写到，勃朗特姐妹们小时候创作的一系列微型小书展示了她们的天赋，那些作品在格拉斯镇、安格瑞亚和冈德尔这几个梦幻王国里演绎着美妙的故事。

盖斯凯尔说："我有一个别人寄存的神奇小袋子，里面装着数不清的手稿：小说、戏剧、诗歌、爱情故事，主要是夏洛蒂所写。没有放大镜基本无法辨识上面的字迹……当创造力爆发时，想象和文字一样狂野不羁，有时候甚至到了谵妄的边缘。"

微型小书、谵妄、神童——这些都是典型的维多利亚式的元素。盖斯凯尔写的传记塑造了一个坚固的模板，将勃朗特的传记硬套了进去，其中的部分原因在于原始资料的缺乏。如今，盖斯凯尔的作品已经被改编成电影、舞台剧、还有伦理故事。但问题是：盖斯凯尔的传记不真实。更准确地说，勃朗特姐妹的真实故事更加精彩。

勃朗特姐妹真实的面纱由朱丽叶·巴克（Juliet Barker）揭开，她是一位受训于牛津大学的历史学家，在霍沃斯的勃朗特故居博物馆担任了六年的馆长。巴克在当地四处收集资料，同时跑遍了欧洲整理海量的材料，大多数已经无法核实。1994 年，她完成了一本厚达 1 003 页的学术著作《勃朗特家族》（*The Brontës*），由此系统地纠正了盖斯凯尔虚构的故事。

巴克的作品展示了一幅全新的画面。霍沃斯镇并不是荒凉的边远地区，而是一个相对繁荣的政治和商业中心。勃朗特家比盖斯凯尔所描绘的不知道要有趣多少，她们家里摆满了书籍、最新的杂志、玩具，善良且宽容的父亲负责照看整个家。但是这个虚构的故事中，被巴克推翻得最彻底的部分是“勃朗特三姐妹天生就是小说家”这一断言。她们第一批微型小书的文学水平不单单是业余而已——因为作者们还年幼，这不足为怪；这些作品也丝毫没有天才萌芽的迹象。它们绝非原创，而仅仅是对当时的文章和书籍的仿写。三姐妹以及她们的弟弟勃兰威尔（Branwell）模仿异国冒险剧和肥皂剧情节，学习著名作家的表达，大批地复制人物特征。

有关勃朗特姐妹的微型小书，巴克的著作确凿证实了两点。首先，她们写了大量形式多样的文字——22 本微型小书，每本平均 80 页，用时 15 个月；其次，她们的作品，尽管情节曲折荒诞，却并不优秀。[①] 正如巴克所写："草率的文字、错误百出的拼写以及标点符号的遗漏，这些毛病甚至持续到她们青少年时代的后期，对于她们不够成熟的思想和作品的人物刻画，勃朗特传记作家往往视而不见。青少年时代作品中的种种问题并没有降低勃朗特姐妹的成就，却完全颠覆了人们对她们是天生小说家这一看法。"

有关精深练习的新认识给了我们更好的角度去诠释勃朗特姐妹。她们早期那些缺乏技巧的文字与她们最终取得的文学成就并不矛盾——前者更是后者的先决条件。她们之所以成为伟大的作家，不是由于一开始不成熟的仿写，而是因为她们愿意花大量的时间和精力去尝试。童年的写作就是共同协力的精深练习，锻炼讲故事的"肌

① 这是早期作品中的一段文字："一个巨大恐布的怪物它的头被火光闪耀的云层包围他的鼻孔喷出火焰和烟他被笼罩在一片浓雾和无法形容的长袍中。"（可见，错误百出。）读她们的微型小书，你会发现，对勃朗特姐妹们来说，写作是一件时髦的事，就像玩《龙与地下城》（*Dungeons and Dragons*）游戏。此外，勃朗特姐妹还喜欢挑战自我。

肉”。迈克尔·豪在《解读天才》中提到勃朗特姐妹时说：“虚构一个世界，这样的创造活动是一项联合演习，这件事情给了作者们巨大的享受。这是一项了不起的比赛，每位参与者必须积极地消化姐妹们最新的故事发展，然后做出回复。”

写书，哪怕是写微型书这种特别的游戏，也必须制定每个参与者遵从的规则；必须构思文字创作；必须要有景观描写；必须苦苦思索人物的对话，并得衔接上下文。没有父亲的检查，没有任何正式的压力，这种微型小书的写作就相当于林克的训练器，解决了千百个写作难题，又产生了千百个新的写作难题。创作数百篇完全没有艺术性的文字，只剩两点尚算可取：这让她们感到快乐，并在不知不觉中学习了一些写作技巧。

当艾米莉·勃朗特的《呼啸山庄》于 1847 年出版时，评论家们惊叹于作者的独创性。这是一部富有想象力、情节错综复杂的杰作：既可怕又迷人的主人公希斯克列夫崇尚自由的凯瑟琳的爱情真诚感人，而凯瑟琳却违心嫁给了多金又风度翩翩的埃德加·林顿。评论家的惊叹是应该的，而独创性一词却谬之千里。在那些微型小书的涂鸦中，我们能找到《呼啸山庄》中的所有的元素，只需组合拼接即成：浓雾萦绕的诗意景色（冈德尔）、黑暗中的英雄（名叫朱利叶斯·布伦扎依达）、任性的女主人公（奥古斯塔·杰拉尔丁·阿尔梅达），以及富有的追求者（阿尔弗雷德伯爵）。如此看来，艾米莉·勃朗特能写出这个好故事并不奇怪，毕竟，她已经精深练习了相当长的一段时间。

滑板玩家

20 世纪 70 年代中期，滑板世界被一群自称“Z- 男孩”的孩子搅翻了天。他们来自加利福尼亚州威尼斯附近一家冲浪用品店，是一群瘦骨嶙峋、被太阳晒脱了皮的小青年。他们玩滑板的花样令人无法想象，能够表演空中杂技，在栏杆和扶手上练习滑板技艺，总是一副格格不入的小阿飞神情，这一点成了这项运动今日的国际通用语言。最有用的是，他们善于把握戏剧化的时机。1975 年夏天，他们在加利福尼亚州德玛举行的巴尼 – 凯迪拉克滑板锦标赛上首次亮相。据目击者说，Z- 男孩是一群神秘的外来人，一群骨瘦如柴的天才，在这项曾经无比沉闷的运动上翩然而至。伦敦《卫报》这样评价 Z- 男孩的纪录片：“当杰伊·亚当斯半蹲着滑进场，抓住滑板的两端，在场地里以瞬间爆发的速度翻滚跳跃时，其影响已不言自明了。滑板在他那里的内涵不再是一件类似于网球拍的运动装备，更像一把电吉他，一件野心勃勃的自我表达工具，桀骜不驯却充满真情。”

但是实际上，这样的表述远非内心的自然流露。大多数 Z- 男孩是狂热的冲浪爱好者，已经在冲浪板上玩了几百小时。在那些没有海浪的日子里，他们只是把半蹲的冲浪动作转移到了街上。促使他们取得伟大成就的另一个因素更加出人意料：20 世纪 70 年代初，一件独特的工具使他们能以凶猛的速度提高技能，它就是干涸的游泳池。

干旱、火灾、过度开发的房地产这些因素凑在一起，使得贝埃尔和比弗利山庄这一带出现了许多弃置的泳池。这样的场地很容易找到：Z- 男孩们开车沿着街道走,其中一人站在车顶上搜寻篱笆那头有没有适合的场地。起初，在游泳池陡峭的弯壁上滑行非常困难。刚开始一段时间他们身上的擦伤令人触目惊心（更别提受惊的房主和邻居们打的不少报警电话）。但是就在 1975 年的某一天某一刻，Z- 男孩们完成了腾空动作，堪称是莱特兄弟在滑板上的再现。

“当我们落在泳池上的那一刻起，它成了一项真正严肃的运动，最严肃的运动。”斯基普·安格布隆（Skip Englblom）说。他是冲浪用品店的合伙人，也是这群男孩的导师。“每一次我们都要变得更强，更快，更持久，就像画家在空白画布上作画一样。”

1978 年的英国纪录片《滑板国王》（*Skateboard Kings*）里，一位名叫肯的滑板选手介绍了自己的经验。“在泳池里玩滑板绝对是最难的事情，”他说，“你需要全身肌肉的协调，这与其他形式的滑板动作截然不同……但是玩的时候，有些东西立刻就能心领神会；好比我冲向顶坡，来到了顶坡，然后我就知道了这个动作的连贯性好不好，要么滑过顶坡，要么腾空而起……你就在那里，只想完成这个动作，感觉到自己在加速，假如控制得好，那么就成功了。”

思考一下肯描述的动作模式。泳池的空间和形状限制了他的发挥，他脑中只闪过某些片段，一个判断，即这次成还是不成。没有中间状态，没有犹豫不决。一旦进入游泳池，在陡壁上滑行，Z- 男孩就得依照新游戏规则玩，否则就一败涂地。从精深练习的角度来看，干涸的游泳池创造的世界就如同勃朗特姐妹们的小书，或是巴西的五人制足球场地创造的世界一样。

在过去的几百年时间里，西方文化开始用“独特的身份”这一概念来理解和阐述人才——上帝用骰子决定每个人拥有不同的才能。根据这一思路，勃朗特姐妹和 Z- 男孩的成功是因为他们拥有神秘的天赋，乃是从天而降的命运宠儿。然而，从精深练习的角度来看就完全变成了另外一个故事。独特性依然重要，但是它的意义在于勃朗特姐妹和 Z- 男孩做了该做的事情，创造出自己非凡的技能：释放正确的信号，搭建自己的回路。制作微型小书，并书写孩子气的故事；寻找闲置泳池，花费数小时一次又一次地在那里滑行、跌倒。事实上，约克郡那些女孩的生活正如勃朗特姐妹一样兴趣单一而且非常专注，洛杉矶的那些孩子们正如 Z- 男孩一样躁动且特立独行。髓鞘质不在乎你是谁，它只在乎你做了什么。

我们已经看到精深练习是如何让一小撮人的才能放射光芒的。下面我们将把这些概念应用到两个稍大的群体。首先是意大利文艺复兴时期的艺术家，接着是更大的群体：人类。

文艺复兴时期的导师链

几年前，卡内基梅隆大学的一位名叫大卫·班克斯

（David Banks）的统计学家写了一篇短文，题为《人才的过剩问题》。他指出，在时间和空间上人才并不是均匀分布的，恰恰相反，他们往往集群出现。“我们可以向历史学家询问的最重要的问题是，‘为什么某个阶段某个地点的人要比其他时间其他地方的人更高产呢？’”班克斯写道，“人们几乎从来没有明确地提出过这个问题，这是一件令学者为难的事情……尽管问题的答案会对教育、政治、科学、艺术产生令人激动的影响。”

班克斯列出了三个天才云集的主要阶段：公元前 440 年至公元前 380 年的古雅典；公元 1440 年至公元 1490 年的佛罗伦萨；公元 1570 年至 1640 年的伦敦。在这三个阶段中，佛罗伦萨又是最璀璨、记载最丰富的。这个城市仅有几代的历史，人口比今日的俄克拉何马州斯蒂尔沃特还少，却涌现出了世界上已知的最伟大的艺术作品。单个人才的出现容易解释，但是在短短两代人中，集中出现几十位巨匠，怎么说得通呢？

班克斯列出了传统的解释：

> **经济繁荣**，提供了艺术所需的资金和市场；
>
> **和平时代**，提供了寻求艺术和哲学进步的

稳定环境；

言论自由，把艺术家从国家或宗教的控制下解放出来；

社会流动性，允许有才能的穷人从事艺术创作；

典范作用，由此产生的新视角和新媒介带动了原创艺术表达浪潮。

班克斯认为，以上这些似乎都是可能的因素，而且它们恰好积攒了巨大的财富，从而引发了文艺复兴运动。表面上看这挺有道理，不过，他又表示，实际上这些因素多数正好和史实相矛盾。尽管社会开始流动，但15世纪的佛罗伦萨并非那么繁荣、和平、自由。当时，城市刚从鼠疫大流行的劫难中缓过劲来，几大权力组织正在明争暗斗，企图瓜分这个城市，事实上它仍处于教会的铁拳政治统治之下。

这么说来，也许情况正相反，也许正是内讧、瘟疫、教会的控制这些因素共同作用所致。同样，这个逻辑也不攻自破。因为其他许多地方，同样拥有这些因素，却并没有产生任何跟伟大沾边的艺术作品。

这个千古之谜漂亮地说明，当你用传统思路解释才能的问题时就会永远陷入原地打转的困境。越是试图从浩渺的因素中提炼出一条独特的黄金法则，证据之间的自相矛盾就越是彰显，然后就越倾向于得出看似不可回避的结论，即人才就是与生俱来的，像文艺复兴这样的运动也只是历史的巧合而已。历史学家保罗·约翰逊（Paul Johnson）就这套理论发表了看法："一时间，人才纷纷从天而降，锋芒毕露，然后同样神秘地销声匿迹。"

现在我们用精深练习的角度来思考这个问题。髓鞘质不在乎繁荣、和平，还是典范；不在乎教会干了什么，谁死于瘟疫，或是某人有了多少积蓄。它提出的问题跟勃朗特姐妹和Z-男孩的问题一样：佛罗伦萨的艺术家们做了什么？他们是如何练习的，以及练了多久？

事实上，当时一项被称为"工匠行会"的社会发明物正在崛起，而佛罗伦萨正是这场"地震"的震中。行会（这个单词原意是"黄金"）是织布工、油漆工、黄金工匠等类似劳动人员的协会，自发组织以规范竞争并控制质量。行会就像是职工所有制公司，有管理制度、会费制度、创始人，并且对入行评估严格把关。然而，最重要的作用是它培养了人们的才能。行会以学徒制度为基础，男孩到了

7 岁左右就送去与师父同住 5 至 10 年。

学徒在师父的直接指导和监督下工作，通常师父还担负孩子的法定监护人的职责。学徒从基础开始学习手艺，没有讲课、没有理论，只有实际操作：调油漆、准备画布、磨凿子。师徒在同一套阶级制度下竞争合作，数年后学徒升级为熟练工，如果表现非常出色，最终变成师父。这个系统形成了一条导师链：达·芬奇从师于委罗琪奥（Verrocchio），委罗基奥向多纳泰罗（Donatello）学艺，多纳泰罗在吉贝尔蒂（Ghiberti）门下学艺；米开朗琪罗师从吉兰达约（Ghirlandaio），吉兰达约跟随巴尔多维奈蒂（Baldovinetti）学艺等等，他们频繁地造访各自的工作室，以一种合作竞争的态度存在，如今人们称之为社会人际网络。①

总之，学徒们投入了数千小时解决问题，在这个培养优秀人才的系统里尝试、失败、再尝试。他们的生活同那位得到史蒂芬·斯皮尔伯格（Steven Spielberg）指导的 12 岁实习生大致相同，后者花了 10 年的时间画布景、描故事板、安置摄影机。这样的一位实习生终有一天会变成伟

① 这个系统一直持续到 16 世纪，强大的新民族国家兴起，解散了行会，也熄灭了与之息息相关的文艺复兴时期的精深练习引擎。

大的电影导演，这个信念一点都不值得惊奇：这几乎是必然的（看看罗恩·霍华德 [Ron Howard]）。

说到米开朗琪罗，他从 6 岁到 10 岁一直住在一位石匠家里，在读书识字之余学习如何用锤子和凿子。他很快结束了不愉快的学校生涯，成了伟大的吉兰达约的一名学徒。承接了一些轰动一时的委托项目，在佛罗伦萨一间大教堂里画素描、模仿、准备壁画。然后拜师雕塑大师贝托多（Bertoldo），然后在洛伦佐·梅第奇（Lorenzo de' Medici）的家乡得到了其他几位大师的指点，米开朗琪罗在那里一直生活到 17 岁。他是一位有潜力但鲜为人知的艺术家，直到 24 岁那年，他创作了《圣母怜子图》。人们称赞《圣母怜子图》绝对是天才之作，但是创造者却不同意。“如果人们知道我是多么努力地工作换来了我的成就，似乎也就没什么了不起了。”米开朗琪罗后来说。

“长时间的学习，幼年开始就接触各类材料，模仿大师的作品并且与他们合作，这样的学徒制度不知不觉中使那些可能在各方面都平平无奇的男孩变成了艺术技巧高超的男人，”布鲁斯·科尔（Bruce Cole）在《文艺复兴时期的艺术家之路》（*The Renaissance Artist at Work*）一书中写道，“文艺复兴时期的艺术家们认为，艺术可以通过一系列渐进的步骤教导，从磨色开始，临摹，配合师父的设计，直到自己开始绘画或雕塑。”

我们常常把文艺复兴时期那些伟大的艺术家看成一类特殊的人，但是事实上，他们同任何随机挑选的人一样。有贫富之别，性格迥异，跟随不同的老师学艺，动机也千差万别。但他们有一个共同点：每个人都把大部分的青春岁月投入在精深练习上，锤炼和优化技能回路，纠错，竞争，然后进步。每个人都参与了这幅任何人都能创作的最伟大的艺术作品：构建自己的才能。

造访“髓鞘质先生”

乔治·巴特克斯是加州大学洛杉矶分校的神经学教授，有时自称“髓鞘质先生”。巴特克斯 50 岁出头，多数情况下，他是一位稳重杰出的研究人员和老师：身着衬衫、扎着领带、拥有一丝不乱的头发，为人彬彬有礼。但是一旦谈起髓鞘质，他体内的某些东西就开始跳跃，身体热切地前倾，两眼闪闪发光，露出灿烂的笑容，仿佛他随时都可能从椅子上蹦起来。他不想举止失当，却情难自禁。

“为什么青少年会做出错误的决定？”他自问自答，“因为尽管所有的神经元都已生成，但还没有完全被绝缘体包裹。在整个神经回路被绝缘体包裹之前，当冲动行为发生时，这个回路不会马上去阻止，尽管它能够阻止。青少年明白是非曲直，但是他们需要时间自己去体会。”

“为什么年长者往往更具智慧？因为他们的神经回路已经完全被绝缘体包裹，并且随时待命；它们能够在很多层面完成非常复杂的分析，这就是智慧。大脑中的髓鞘质数量在 50 岁左右之前持续增加，而且你必须记住，它是活体组织：会自我分解，人们得不停地使其再次生成。复杂的工作，比如统治国家或写小说，往往需要那些髓鞘质最丰富的人。”

“猴子的神经元类型和神经介质同人类一样，但它们为什么不能像人类那样使用语言呢？”他继续说道，“我们的髓鞘质比它们多了 20%。流利地讲出语言需要大脑高速地处理信息，它们的带宽不够。当然，猴子能够掌握相当于 3 岁孩子的沟通水平，但更复杂的是——它们没有绝缘体。”

巴特克斯继续提出问题，给出更多的答案。一些已经有案可查，另一些尚待验证，他相信这一切很快都能证实。

■ **为什么母乳喂养的婴儿智商较高？**因为母乳中的脂肪酸是合成髓鞘质的基石。这就是为什么美国食品药品监督管理局批准在婴儿奶粉配方中增加 omega-3 脂肪酸；这也就是为什么吃鱼——鱼富含不饱和脂肪酸——被认为可以降低患上记忆丧失、老年痴呆和阿尔茨海默病的风险（巴特克斯在他的办公桌上放了一罐 DHA 脂肪酸）。所有事例背后的原理都是一样的：脑中的髓鞘质越多就越聪明。

□ **迈克尔·乔丹为什么退役？**他的肌肉并没有退化，但是同其他人一样，髓鞘质随着年龄开始分解，尽管不是很多，却足以妨碍点燃那股冲动，使迈克尔·乔丹难以到达动作爆发所需的速度和频率。

■ **为什么弱小的克鲁马农人最终生存下来，而更强壮、脑袋更大的尼安德特人却灭绝了？**因为克鲁马农人的髓鞘质更多，他们的思维能力更强，沟通更流畅，彻底超过尼安德特人。

□ **为什么幼马一生下来就会走路，而人类需要一年的时间学习？**幼马一出生，肌肉已经髓鞘质化，马上可以使用，即时准备出发。而人类宝宝的肌肉虽然强壮有力，但是需要一年时间来生成髓鞘质，而且只有不断练习才能优化神经回路。

对于髓鞘质的自然选择原理，巴特克斯说："进化做出的选择，同工程师设计互联网时做出的选择一样，用计算机的大小换取了带宽。我不在乎电脑多大——我想要的是速度，这样就可以全速处理事情，就像现在。这就是互联网，能同时访问大量的计算机。我们的运算原则同谷歌一样。"

"我们是髓鞘质人，"巴特克斯总结道，"这是人类被构造的方式，无法逃避。"

我们是髓鞘质人，这是一个重大的宣言，它潜在地改变了人们对技能、天才和人类本质的传统看法，具有革命性的意义。然而，要想真正理解髓鞘质先生这句话的意思，我们首先得回顾一些内容。

自达尔文以后，对才能的传统看法已经变成这样：人类之所以成为现在的人类，是基因（天生的）和环境（后天的）的结合。[①] 这种观点认为，基因是一副宇宙牌，每一个新生命的诞生就是一次洗牌；环境是宇宙牌游戏。每隔一段时间，命运就创造一个基因和环境的完美组合，由

① "先天与后天"这种表达方式并非达尔文原创，而是由他不太知名的表弟，弗朗西斯·高尔顿爵士（Francis Galton）提出，后者一生中的大部分时间都在试图证明天才是遗传的，却鲜有收获。

此就出现了高水平的人才，或者说天才。根据这一思路，贝多芬的伟大成就是组合式的：第一，他们天生就拥有出色才能的潜力；第二，他们有幸出生在理想的环境中，可以展现那些才能。

“先天还是后天”成了一个相当火的理论模式。它条理清晰，而且激动人心；它解释了自然世界各种各样的现象。不过用于解释人类的才能，它有一个小问题：这种模式含糊不清，甚至毫无意义。知道人才是基因和环境造成的，就好比知道饼干是用糖、面粉和黄油做成的。在理论上如此完美，以至于跟没说一样。就才能这件事而言，仅讨论组成成分要比讨论髓鞘质和神经回路无趣多了(对此，我们也无能为力)。为了超越天生还是后天这套过时的模式，我们先来了解清楚基因是如何工作的。

基因不是宇宙游戏纸牌。它是经过进化测试后写成的说明书，根据这份说明书，它制造了极其复杂的机器——人类。基因有一幅蓝图，一字不差地记录在核苷酸上，用于指导人类建造神经系统和身体上的每一个小细节。设计和建造这项任务非常繁杂，原理上却简单明了：基因指示细胞，让睫毛长成这样，让趾甲长成那样。

然而，若涉及行为，基因就需要处理不同的设计难题。

人体这台机器处在一个宏大且日新月异的世界里，它会遭遇各种危险，面临各种机遇，还会有各种新奇的经历。事物变化很快，这就意味一切都需要迅速做出调整。困难在于，你怎么书写一份指导行为的说明书呢？基因安安静静地待在细胞中，如何帮助我们适应一个不断变化、危机四伏的世界呢？

为了解决这个问题，基因经历了一次非常明智的进化：它利用预置的本能反应、嗜好和直觉来构造人类的神经回路。基因搭建了人类的大脑，当碰到某些刺激，比如一顿可口的便餐、一块腐烂的肉、一只尾随的老虎，或一位心仪的对象时，一套功能齐全的神经程序就会启动，用感觉来指导人们选择于己有益的行为。闻到美味就感到饥饿；闻到臭肉就感到恶心；看到老虎就感到害怕；看到心仪的对象就充满欲望。在这些预置神经程序的指导下，我们一路过关斩将。

这套策略用于处理面对腐肉和心上人时的行为方面效果明显。毕竟，书写构建本能反应的说明书相对简单：**如果是 X，那么就 Y**。但如何处理复杂的高级行为呢，比如吹萨克斯管或者拼写单词？如前所述，高级技能是由数百万条神经回路精确地共同合作，误差在毫秒之间。掌握高级技能的问题实际上是设计策略的问题。书写一份说明书，用于建造一台能够实现非常复杂技能的机器，最好的策略是什么？

一条显而易见的设计策略是，让基因为技能铺设线路。基因将提供一步一步详细的操作指导，建立完成某项技能所需的精确的神经回路，或演奏音乐，或变戏法，或做演算。一旦正确的刺激物出现，所有预置的线路将连接起来，然后启动，随后人才出现了：贝多芬开始谱写交响乐。这种设计策略似乎有道理（毕竟，还有什么更直接的方法吗？），但它存在两大问题。

首先，从生物学意义上看来，这样的设计代价不菲。建立如此细致的神经回路需要资源和时间，还不得不牺牲一些其他设计功能。其次，这将是一次与命运的赌博。为身在 1850 年的人铺设完美的软件编写的技能线路并无用武之地；身在今日的人拥有一套完美的铁匠技能线路也将无处施展。一种高级技能在不同时代，或相隔几百公里的两地，就会由不可或缺变成毫无用处，反之亦然。

现在我们来考虑别的设计策略。基因通过制造数百万个小型的宽带安装器，并且分布在大脑中的所有神经回路上，来解决技能问题。宽带安装工人并不需特别复杂，他们用绝缘体包裹线路，使线路更加快速流畅。它们依照单一的规则运行：哪条回路使用得最多，需求最迫切，那么安装器就放在哪里。经常使用的技能回路会增加宽带；技能使用次数较少，紧急性较低的，宽带就小。

我们是髓鞘质人。在掌握高级技巧时，我们也在共同选择这个古老的自我适应生理机制，结果正是基因让我们自己决定需要什么技能——或更准确地说，是基因让我们有需求，让我们行动。这套系统灵活多变、反应敏锐、经济实用,因为它赐予每个人内在的潜力去获取所需的技能。证据可以在人才温床找到，可以在掌握世界级专业知识需要的一万小时里得到验证。这些结果不是命运的巧合；它们是必然的结果。

这不是说地球上每个人都可能成为爱因斯坦。重点是，虽然人才看上去是命中注定的，但实际上你完全可以自己决定学习什么技能，每个人都拥有比自己想象中还要大的潜能。正如髓鞘质先生常说的那样，我们出生时都有机会成为自己的互联网之王。

诀窍在于找到正确的方法。

THE TALENT CODE

04 三大秘技

2008 年 8 月，他第一次出现在人们的视线当中，在北京奥运会连续获得两枚奥运金牌，打破两项世界纪录。

2009 年世锦赛上，他刷新了自己的纪录，成为历史上唯一一位奥运会、世锦赛双冠王。

2014 年 8 月，距离北京奥运会 4 年过后，他在伦敦奥运会上再次实现了自我突破，成为奥运会历史上首位同时卫冕 100 米和 200 米冠军的选手，

他就是飞人尤塞恩·博尔特。

这位被科比称为“绝对的天才”的飞人，将短跑这项“将死”的运动，变成了一项明星运动。

> 屡败屡战。屡战屡败。败了更好。
>
> ——塞缪尔·贝克特（Samuel Beckett）

哇塞效应

关于技能学习过程的任何讨论都必须先解决一种现象，即哇塞效应（Holy Shit Effect，缩写 HSE），意思是当人才突然从天而降时，人们产生的一种强烈而复杂的情感：怀疑、崇拜以及妒忌（顺序不分先后）。听帕瓦罗蒂演唱时，或观看威利·梅斯（Willie Mays）打棒球时，人们不会产生哇塞效应——因为他们是天之骄子；我们轻松地接受这一事实，他们异于常人。哇塞效应是那种人们在看到跟自己一样的普通人拥有盖世才华时产生的感受。看见邻街那个傻孩子突然成了著名摇滚乐队的主吉他手，或是看见自家孩子对微分学熟练到令人费解时，心底产生的那种讶异，同时还有点隐隐作痛。“那才能究竟是哪里冒出来的？”就是这种感觉。

人才温床之旅让我对哇塞效应有了透彻的了解。一开始，我看到一群年幼可爱的孩子慢吞吞地来上课，背着他们可爱的棒球棒和迷你小提琴，笨手笨脚地练习技能，惹人爱怜。他们就跟你想象中这个年龄的孩子一样，乏善可陈。然后，最小的孩子走了，稍长的孩子开始出现，我目睹了一场技能的飞跃。在一个人才温床待几天，就像穿过了一组西洋镜，我看到了逐渐进化的物种：少年班（真棒），青少年班（哇塞），最后是青年班，他们是真正的伶盗龙（大吃一惊）。相邻年龄段的小组之间的进步令人难以想象，他们比前一组更快、更强，更加光芒四射。看着这些变化，就像看着一只可爱的壁虎蜥蜴突变成一只淌着口水的暴龙。尽管知道这中间相关的理论，但是那不会阻止你的赞叹。

有趣的是，哇塞效应只有单向运作。观察者瞠目结舌，甚至困惑不解，而人才却泰然自若，甚至无动于衷。这面魔镜照出来的并不仅是双方不同的反应而已——观察者的故意天真和人才过分的自谦。这个过程的本质是什么，竟能造成两个如此大相径庭的现实？这些人看上去和常人无异，怎么会突然变得才华横溢，甚至还对自己的才华一无所知？想知道答案，来看一位失败的数学老师的例子，他的名字叫阿德里安·德格鲁特（Adriaan Dingeman de Groot）。

德格鲁特出生于1914年，是一位荷兰心理学家，空闲时喜欢下国际象棋。他在自己所在的国际象棋俱乐部里体验了一把哇塞效应。那家俱乐部里有几位队员与他年龄差不多，身世背景也类似，但是却拥有骄人的战绩。他们就像暴龙选手，蒙着眼睛也能不费吹灰之力地一次打败十位对手。就像数十年后的安德斯·埃里克森，德格鲁特为自己的失败困惑不已，这引得他去思考究竟什么原因导致这些家伙如此出色。当时对这个问题的科学解释是无可争议的。优秀的棋手拥有图像记忆能力，可以帮助他们分析战局和谋划战略。象棋高手们的成功是因为上天赋予他们大炮一般的认知能力，而普通人则只能凑合着用玩具气枪。但是德格鲁特不买这个理论的账，他要找出更深层次的原因。

为了调查比较，他研究的对象既包括象棋高手，也有普通的棋手。德格鲁特根据一场实际比赛摆了一个棋局，棋手们只有 5 秒钟时间看盘，然后便要求他们复盘。结果正如人们所预期的。高手的复盘准确性比普通棋手高四五倍（世界级的棋手几乎能百分之百复盘）。

随后德格鲁特做了一件聪明事，他不再根据真实的国际象棋比赛情况摆棋局，而是将棋子随意放置在棋盘上，重新测试。突然之间，高手们的优势不复存在。他们的得分不比其他棋手好多少；有一位高手甚至都比不上新手。优秀的棋手们并没有图像记忆能力；一旦这个游戏跟国际象棋无关，他们的才能就消失了。

德格鲁特继续解释，第一次测试中，高手们看到的不是一个个棋子，而是认出了棋谱。新手看到的是一个个打乱的字母似的棋子，而高手正把这些“字母”组成国际象棋语言中的词、句子和段落。而当棋子随意摆放时，高手们不知所措了——倒不是他们突然之间变笨了，而是他们的分组战略突然没了用武之地。哇塞效应消失了。国际象棋暴龙选手和普通棋手之间的差别并不是认知上的大炮和玩具气枪的差别。这是组织的差别，是懂这种语言与不懂这种语言之间的差别。或者换种方式来说，是一位老资格的棒球迷（一眼就能看清整场比赛，跑垒员在三垒，两人已出局，第七局快结束了）和第一次看比赛的菜鸟（眯着眼瞧半天仍然一头雾水）之间的差别。技能包括辨识重要组成元素，并把它们组织成一个有意义的框架的能力。心理学家们称这种组织能力为组块（chunking）。

秘技第一式：组块化

我们已经理解精深练习就是构建神经回路，并使之裹上绝缘体。但这是什么样的感觉呢？怎么知道自己走在正确的道路上呢？

精深练习有点像在一间不熟悉的黑屋子里摸索。起步很慢，常常会撞到家具；人们需要停下思考，再重新开始。整个过程动作缓慢，还有点痛苦。你在这个房间里摸索了一遍又一遍，犯了很多错误，每次都会更深入一点，在大脑中画出房间的地图，直到能够在里面无障碍地快速走动。

多数人在本能地进行这种练习。在学习技能过程中放慢脚步，把它分解成一个个的元素是非常普遍的。在我们成长过程中，从家长和教练那里听到了不下上亿次，来来回回总是老调子“别急，一步一步来”。但是在访问人才温床之前，我不知道这样简单的一个策略竟然是如此有效。在我访问的人才温床里，这个策略被分成三步。第一步，技能学习者整体了解一项任务——一个大组块，巨大的回路。第二步，尽可能把它分解成最基础的组块。第三步，花时间用慢动作练习，再加速，以了解其内在的结构。下面我们将一步步介绍这个过程是如何完成的。

整体吸收 指花时间观察或倾听你想学的技能，比如一首曲子、一个动作，而且这项技能是以连贯的实体形式出现。这一过程基本上相当于在脑中把技能具象化。

“我们生来就在模仿中学习。”模仿可以是无意识中进行的。我在加州遇见了一位 8 岁的网球选手，名叫卡罗琳·谢，她是美国该年龄段排名最高的球手之一。谢参加了一场网球神童比赛，一切都很普通，除了她不用该年龄段球手惯常的双手反手击球，而是用单手反手击球，动作酷似天王费德勒。不只有点像，而是一模一样，还有费德勒的代表动作——如斗牛士般在结束时低头致意。

我问她怎么学会那种手法的。“我不知道，”她说，“我就是学会了。”我向她的教练请教：他也不知道。后来卡罗琳的母亲李平提到，她们家每个人都是费德勒的粉丝；

观看了几乎所有他的比赛录像。特别是卡罗琳，一有空就看。可以说,年纪轻轻就看过几万次费德勒如何反手击球。看多了之后，无意识中她就领会了这个动作的精髓。[①]

另一个例子是雷·赖蒙堂（Ray LaMontagne），他是缅因州刘易斯顿一家鞋厂的工人。22 岁那年,他突发奇想，认为自己应该做一名歌手兼作曲家。赖蒙堂没有接触过多少音乐方面的知识，也没有钱，于是他采用了一个简单的学习方法：买回了数十盘唱片专辑，有斯蒂芬·斯蒂尔斯（Stephen Stills）、奥蒂斯·雷丁（Otis Redding）、艾尔·格林（Al Green）、伊塔·詹姆斯（Etta James）、雷·查尔斯（Ray Charles），然后闭关练习。两年内，他每天都花几个小时练习跟唱。朋友们以为他已经离开了小镇；邻居则以为他要不是疯了，要不就是把自己锁在了一个音乐时间机器里——一定意义上说，他确实将自己锁进了音乐时间机器。“我知道自己唱得不对，就一遍又一遍地唱，喉咙一直是哑的。”赖蒙堂说，“我练了很久，终于知道了怎么用腹部唱歌。”8 年后，赖蒙堂的第一张专辑卖了近 50 万张，

① 蒂莫西·加尔韦（W. Timothy Gallwey）在他的著作《网球内心戏》（*The Inner Game of Tennis*）中讲到，他第一次做网球教练，尝试了一种新的教学方法：不再给初学者介绍理论，而是直接让他们观看击球动作。这个方法出人意料地有效，20 分钟内加尔韦没有讲解任何网球技巧，但很快这群 50 来岁的网球初学者的击球水平就可以说得过去了。

主要卖点就是他那充满感情的嗓音。《滚石》杂志评价说，他的声音听起来像是教堂里的赞美诗，而听众则误认为那是奥蒂斯·雷丁和艾尔·格林的声音。大家都认同，赖蒙堂的声音得天独厚。但真正得天独厚的，也许是他塑造那种声线的练习方法。

最富有成效的模仿来自莫斯科斯巴达网球俱乐部。在这个冰天雪地的垃圾场里,人才如火山爆发：库尔尼科娃、萨芬、米斯金娜、德门蒂耶娃、萨芬娜、尤兹尼和图萨诺夫——总而言之，2005 年至 2007 年之间排名前 20 位的女选手比整个美国都多，男队中一半选手赢了 2006 年戴维斯杯网球赛。对于只有一个室内场地的俱乐部来说，战绩不错吧！我在 2007 年 12 月前往访问之际，觉得该俱乐部像极了电影《疯狂的麦克斯》中的场景：简陋的棚屋，油光闪闪的泥水坑，四周的森林里有许多大狗，它们饥肠辘辘，动作敏捷，令人生畏。走近一些，我可以透过朦胧的塑料布看见有身影在晃动，却没听到网球拍触球时那种特有的呼呼的响声。进去后我发现原因其实很简单：他们在挥拍，但是没有球。

斯巴达的人们称之为“模拟击球”（imitatsi-ya）——一起用慢动作迎击想象中的网球。斯巴达的所有球员，从最年轻的球员到职业球员，都要进行这项练习。他们的教练今年 77 岁，是一位脸上洋溢着笑容、饱经沧桑的女子，名叫拉里莎·普列阿布拉仁斯卡娅（Larisa Preobrazhenskaya）。她漫步于训练场上，把住球员们的臂膀，带着这些纤细的手臂缓慢地击球。拉里莎不时地打断他们的练习动作，让他们放慢速度，一次又一次重复那个动作。

重点是技巧。这是拉里莎实施的铁腕政策：她的学生在头 3 年的训练时间内都不许参加任何锦标赛。我无法想象这项原则可以在美国父母那里通过，可是没有一位俄罗斯家长产生丝毫的质疑。“技巧就是一切，”拉里莎后来告诉我，“没有掌握技术就开始比赛，那是大错误。很大很大的错误！”

拆分组块　在我访问过的人才温床中，纽约北部的草山音乐学校（Meadowmount School of Music）最好地展示了这一过程。草山距曼哈顿北部 5 小时车程，位于阿迪朗达克山的一片绿色草坪上。创始人是著名的小提琴老师伊凡·加拉米安（Ivan Gala-mian）。他选址于此的原因，也正是纽约州大部分监狱建造于此的原因：这里地处偏僻，房价低廉，并且极其平静（加拉米安一开始安营在伊丽莎白镇附近，但他觉得当地的女孩过于美丽，容易分散学生的注意力。特别是他和当地一位女孩结婚的举动，更是证实了这一观点）。

学校原来由几间小木屋和一所老房子组成，没有水电，不通电视和电话。自那以后，也没有多大变化。整个场地虽然可爱，却非常简朴：学生睡在艰苦的宿舍里，单人练习室摇摇欲坠，用树桩和煤渣砖支撑着，有时候还要用到从附近汽车里拿的千斤顶。然而，草山由于校友们（马友友、祖克曼、约夏·贝尔以及帕尔曼）的传奇故事而变得令人向往。其核心可以被看成一个简单的等式，事实上这已经成了学校的理念，即大多数学生会在七周之内达到一年的训练效果，学习速度提高约 5 倍。学生们虽然都非常清楚学习效率提高了，但对此的理解却不尽清晰。

“天啊，那女孩真叫一个绝！”16 岁的大卫·拉莫斯（David Ramos）指着蒂娜·陈说。这个中国学生最近在草山夜间音乐会上演奏了一曲科恩戈尔德小提琴协奏曲。拉莫斯的声音突然放低，变成了窃窃私语。“她说她学了三个星期——但别人告诉我，她实际上只练了两个星期。”

类似的战绩在草山司空见惯，部分原因是教师采取了分解到极致的训练方法。学生们把每小节的乐谱剪成长条状，塞进信封里，然后随机抽出。接着他们把那些纸条上的乐谱通过改变节奏拆解成更小的片段。比如，他们在演奏有难度的章节时会放慢节奏（马蹄声音——嗒-嗒，嗒-嗒）。这种方式要求乐手迅速把两个音符联结成调，然后在下面两个音符联结之前填上剩余的节奏。

放慢练习 在草山，刺耳的爆音会被拉长为鲸鱼般的叫声。有位教师的经验法则是，如果路人辨认出了练习的曲子，那么他的练习方法就不正确。草山音乐训练营的主任欧文·卡尔曼（Owen Carman）上课时，会花上 3 个小时仅仅教一页乐谱。新来的学生说，他们的练习速度比以前慢了 3 至 5 倍。但是等练完之后，他们已经能够完美地演奏这一页的曲子了；不然，要想获得显著进步需要一个星期，甚至两个星期的浅层练习。

为什么放慢节奏如此有效呢？首先，放慢练习节奏使你更加关注错误，每一次都提高了精确度——而对于髓鞘质的生长而言，精确就是一切。正如橄榄球教练汤姆·马丁内斯（Tom Martinez）常说的，“不在于你能多快完成，而在于慢下来之后你能否做正确”。第二，放慢练习给了练习者更重要的东西：技能的形状和节奏。

我在草山遇到了一位 14 岁的大提琴手，名叫约翰·克劳福德（John Crawford），他跟我讨论精深练习是什么，他的解释是我听过的最有用的描述之一。他正独自待在一个破旧的车库，那里有一项休闲活动，是学校允许的为数不多的活动之一——一张破旧的乒乓球桌。克劳福德谈到了在草山体会到的飞速进步，他称之为“入门”。

他说：“去年，我花了几乎整整 7 周的时间入门，开始像点样子了。今年我能感觉到这已经发生了。就是这么回事。”

我们开始对打；约翰跟着球的节奏继续说。

“当我入门后，每个音符都是有意义的。感觉就像在盖房子。这块砖砌这里，那块垒那里，连接起来就成了墙基。然后开始垒墙，连接那些墙。接着是屋顶，然后粉刷。运气好的话，房子就搭成了。”

我们打了一场比赛。有一段时间比分不相上下，然后我以 20 比 17 领先，最后约翰以五记直杀赢得这场比赛。

“我能说什么呢？”他耸耸肩，表示抱歉，“也许我造这所房子的本领也提高了。”

秘技第二式：重复练习

“练习并不能使之完美；完美的练习才能使之完美。”髓鞘质为这句古话添上了新内涵。在训练技能方面，没有什么比实地操练更有效。

有个办法可以说明这一事实，就是猜谜：使超级明星的才能消失，最简单的方法是什么（不能造成伤害）？让小皇帝詹姆斯跳投失误，或者让马友友弹不准和弦，最有效的方法是什么？

答案是：一个月不让他们练习。

使一位技艺娴熟的人丧失技能，不需要篡改染色体，或小心翼翼地操纵心智，只需在短短30天内停止回路的启动。他们的肌肉不会改变；引以为豪的基因特征也将保持不变；但你点中了才能盔甲的命门。钢琴名家弗拉基米尔·霍洛维茨（Vladimir Horowitz）坚持练习弹琴直到80多岁，他说：“如果我一天不练，自己就会意识到（退步）。如果两天不练，我妻子就会发觉（我的退步）。如果三天不练，全世界都知道了（我的退步）。”

重复练习是无可替代且千金难求的，然而，要补充解释几点。常规练习是练得越多越好，但是，精深练习并不适用这道等式。投入更多的时间练习是有用的，但前提是你必须处于最佳位置。更重要的是，一个人每天能进行多久的精深练习似乎是有普遍限制的。埃里克森的研究表明，多数世界级专家——包括钢琴家、国际象棋选手、小说家、以及运动员，无论他们追求何项技能，每天练习 3 至 5 小时。

在我访问的大部分人才温床中，人们的练习时间远远少于 3 个小时。斯巴达的小孩子（6 至 8 岁）每周只练习 3 至 5 小时，而较大的青少年逐步提高到 15 小时一周。库拉索岛的少年棒球联盟有几位世界级的最佳球员，每年只训练 7 个月，每周通常 3 次。草山是个例外，学员们需要坚持 7 周的课程，每天练习 5 个小时。但是整体上，人才温床的练习持续时间和频率似乎健康合理，也证实了我看到的：一旦离开了精深练习区，可能还不如停止练习。①

这与网球教练罗伯特·兰斯多普（Robert Lansdorp）所目睹的一致。兰斯多普 60 岁出头，曾与特蕾西·奥斯汀（Tracy Austin）、桑普拉斯、达文波特和莎拉波娃合作。当他得知如今的网球运动员每天得练习接数千次反弹球，

① 老师要留意的另一个信号是打鼾。精深练习往往使人精疲力竭：他们不能一次坚持一个多小时或者两个小时（埃里克森观察了众多训练之后的发现）。

他不由自主地笑了。

“你看过康纳斯的训练吗？麦肯罗或费德勒的？”兰斯多普问道，“他们从没练到 1 000 次，多数运动员仅仅训练一个小时。一旦你掌握了关键点，它就不会消失。”

秘技第三式：尝试体会

我访问草山的那个夏天，他们开设了一门名为“如何练习”的新课程。教师叫斯珂，是一位热情洋溢的人，曾是荷兰交响乐团的首席小提琴演奏者。五六个年轻孩子坐在一间拥挤的练习室里。一开始，她问道：“你们中有多少人每天练习五个小时以上的？”

四个人举起了手。

斯珂摇头表示惊讶。“我从没这么长时间地练习过，这辈子都不会。我讨厌练习！非常讨厌！所以我强迫自己尽可能地提高效率。现在我想了解的是，你练习前做的第一件事是什么？”

他们盯着她，不知所以。

“调音，拉几段巴赫。”最终，一位高大的男孩说。

“嗯，”斯珂扬起眉毛，循循诱导，指出他们缺乏策略，“我猜你们都只是……弹了！调好音，挑一段你喜欢的，然后就开始混。就像拿了个球在玩。”

他们点点头。她说中了。

“这简直疯了！”她挥舞着胳膊说，“你得找准自己的立场，知道自己的位置。先给你的乐器定音，然后给你的耳朵定音。

斯珂解释道，重点是要达到一种平衡，这样在弹错时你才能听出来。想要避免错误，首先得马上捕捉到它。

“如果有根弦的音准不对，你们应该听出其中的不对劲，”斯珂告诉他们，“那应该让你们非常不爽。那是你应有的感觉。你真正练习的是集中精神。这是一种感觉。现在我们就来练习这种感觉。”

他们闭上眼睛，她拉了一段空弦。然后她微微扭动了调音弦轴不到一毫米，拉出来的声音变了。他们舒展的眉头锁起，面露愠色，隐隐希望她能调节一下。斯珂面露笑容。

她平静地说：“就这样，记住这种感觉。”

在访问每个人才温床时，我都会让人们用一些词语来描述他们对最有成效的练习的感觉。这些是他们告诉我的词语：

> 注意力、连接、建立、完整的、警觉、关注、错误、重复、疲劳、边缘、唤醒。①

这是一个独特的清单。它给人的感觉是：成功了，又差一点，又成功了。这是登山者的语言，描述了一种渐进和连接的感觉。这是一种面对目标的紧迫感，离目标就差那么一点点的感觉，玛莎·葛兰姆（Martha Graham）称之为“神圣的不满足”。这是格伦·库尔茨（Glenn Kurtz）在他的《练琴》（*Practicing*）一书中描写的感觉：“练习就是每天弹奏同样的音符，人类基本的姿态——为一个想法努力，为你渴望的伟大成就努力争取，然后感觉它与你失之交臂。”

正是这种感觉，精深练习不是简单的挣扎，而是有目

① 我没听到的词语有这些：自然、轻松、日常、自动。还有一个词语，从没在我访问过的人才温床中出现过：天才。不是说天才不存在，与我交谈的老师认为天才出现的频率是十年出一位。“极其偶然，我们会接收到绝顶聪明的天才型学生。我不知道他们的大脑是怎么运作的，”草山的斯珂说，“但那是极小、极小的比例。剩下我们这些凡人得通过努力练习才能成功。”

的的奋斗：选定目标、努力争取、评估差距、回到初始步骤。而且那种感觉同其他东西一样，是可以习得的。髓鞘质的其中一个进化优势是，它能够使任何回路绝缘化，甚至是那些一开始我们不喜欢的。在草山，指导员看着学生们体会精深练习的感觉。起初他们并不喜欢。但是很快学生们开始忍受，甚至享受这样的体验。

“多数孩子的练习进步相当快，”草山音乐训练营的主任欧文·卡尔曼说，“我认为这是一种内化的转变，他们不再向外界寻求解决方案，内心就可以解决了。遇到一些可行的和不可行的地方，你无法伪装，你无法借用、剽窃，甚至无法购买得到。这是一个实实在在的职业。”

老师观察学生身上流露出来的信号：乐谱上歪歪扭扭的注脚，交谈中流露出来的一种全新的激情，对常规热身练习全新的敬畏感。萨利·托马斯是一位小提琴老师，她从学生走路的样子中观察变化。“他们刚来时，走路时趾高气扬，”托马斯说，“过一段时间，就不再那样走路了。那是好事。”

10000 TALENT CODE

第二部分

激情

THE TALENT CODE

05

信号

2007 年，年仅 6 岁的康妮·塔波特（Connie Talbot）在《英国达人秀》的海选现场用歌声紧紧抓住了观众们的心，连一向刻薄的评委西蒙·考威尔（Simon Cowell）都认为小康妮的声音完美无暇，清澈动人。

自达人秀之后，小姑娘在音乐上的突破便一发不可收。她不但发布了个人专辑，还踏访了各个国家进行演出，如今 14 岁的她已经在亚洲举办了两场个人巡演。

小康妮并非出生音乐世家，她的家人大多数并不太懂得唱歌，甚至觉得这有些不务正业。小康妮在音乐上的造诣完全来源于她对歌唱的兴趣，她白天咿咿呀呀唱个不停，晚上睡觉做梦都能梦见自己唱歌。一次她的父母在半夜听到歌声，找寻了好久后才发现是自己的女儿在梦里发出来的。

信号 05

历史上每一个伟大的权威时刻都是热情的胜利。

——拉尔夫·沃尔多·爱默生

“她行，我为什么不行”

技能学习需要精深练习。但是精深练习不是一碟小菜，它需要精力、激情和投入。换言之，这需要天才理论的第二大元素：动力燃料——激情。

我在探访人才温床的时候，感受到了许多激情。这些激情体现在人们手拿小提琴、怀抱足球以及削铅笔时的种种神情上。这些激情体现在人们把简陋的训练场视作神圣的天主教堂；还体现在追随着教练时那种既专注又尊敬的眼神。这份激情并不总是耀眼炫目的，也不总是幸福洋溢的——有时候，甚至是黑暗沉迷的。有时候，她又像是结婚多年的老两口拥有的那种平淡不惊的爱情。但是激情一直存在，它是供应动力火箭的燃料，维持他们不停地重新开始，锻炼技巧，不断进步。

我问那些人才温床中的人们，他们对小提琴、唱歌、足球、数学的激情从何而来，大部分人都觉得这个问题有点莫名其妙，仿佛我在问他们何时学会了呼吸一样。他们普遍的答案是耸耸肩说，“不知道啊，我一直就这样。”

面对这样的回答，你同样只能耸耸肩，记下他们燃烧般的动力来自人性中深沉不可知的东西。但那是不准确的。因为很多情况下，人们是可以准确感觉到热情被点燃的那一瞬间的。

对于韩国的高尔夫球运动员来说，这个时刻是 1998 年 5 月 18 日下午，20 岁的朴世莉（Se Ri Pak）夺得“麦当劳杯”LPGA 锦标赛冠军，从此变成了韩国的标志（韩国首尔的一家报纸写道：“朴世莉不是女版的老虎伍兹；老虎伍兹才是男版的朴世莉。”）。在朴世莉之前，从没有韩国人在高尔夫运动上有任何建树。但这之后十年，朴的女同胞们基本上统治了 LPGA 巡回赛，45 名韩国运动员赢得了其中 1/3 的比赛。

对于俄罗斯的网球运动员来说，这个时刻诞生于同年夏天稍晚的时候，17 岁的安娜·库尔尼科娃（Anna Kournikova）打进了 WTA 半决赛，而且由于她超级模特般的美貌，库尔尼科娃成了世界上个人照片下载次数最多的运动员。到了 2004 年，俄罗斯女运动员频繁出现在重大比赛的决赛现场；到了 2007 年，她们占据了排行榜前 10 名中的 5 席，前 50 名中的 12 席（参见表 5-1）。“她们就像俄罗斯军队，一个劲地向前冲。”尼克·波利泰利（Nick Bollettieri）说。他在佛罗里达布拉登顿成立了一家以自己名字命名的网球学校。

表 5-1　世界级运动员人数的增长

年份	韩国运动员参加 LPGA 巡回赛人数	俄罗斯运动员进入 WTA 前 100 名的人数
1998	1	3
1999	2	5
2000	5	6

续前表

年份	韩国运动员参加 LPGA 巡回赛人数	俄罗斯运动员进入 WTA 前 100 名的人数
2001	5	8
2002	8	10
2003	12	11
2004	16	12
2005	24	15
2006	25	16
2007	33	15

其他的人才温床存在着同样的情况：一次突破性的胜利，接着就涌现出大规模的“人才井喷”。

注意，上述两种情况中，以这种方式引发的繁荣一开始都是相对缓慢，需经过五至六年达到 12 位运动员这个数字。这不是因为初期的激励比较弱，然后逐渐增强，而实际上是一个相对根本的原因：精深练习需要时间（还是那句老话，一万小时）。

人才在集体中扩散的模式就像蒲公英在郊外的庭院里

飘散一样。一阵风吹来，给点时间，就带来了遍地花朵。[①]

类似的情形，发生在 1954 年 5 月某个狂风大作的日子，当时一个瘦小的牛津医学院学生，名叫罗杰·班尼斯特（Roger Bannister），成为世界上第一个在 4 分钟内跑完 1 英里（1.609 公里）的人。关于这个成功事迹的梗概人人皆知：心理学家和田径运动界曾经认为 4 分钟跑完 1 英里是无法打破的生理极限；班尼斯特是如何系统性地突破这个纪录；如何凭借 1 秒的优势打破了纪录，成为全球的头条新闻，被《体育画刊》（*Sports Illustrated*）称为 20 世纪最伟大的运动成就。

① 这一模式能够预告未来人才温床的诞生。我预测，其中一个会是委内瑞拉的古典音乐家。古斯塔沃·杜达梅尔（Gustavo Dudamel），人称“爱家伙”，一个神童，今年 26 岁，现任洛杉矶交响乐团指挥。多数有关他的故事都提到了他的超常技巧、标志性的卷发以及魅力。他们从没提到过这个事实，委内瑞拉正在通过一个叫作“委内瑞拉国家基金青少年古典音乐团”的项目培养许许多多的“爱家伙”。该项目招收贫穷的孩子参加古典音乐培训（至今已有 25 万名孩子），邀请最好的演奏家回来当老师，然后把管弦乐队送往全世界各地。正如他们同样成功的棒球教学。另一处未来的人才温床是华裔小说家。在那支可谓相当庞大的队伍中，包括马建、李翊云、吴凡以及戴思杰、哈金这些突破性的小说家，而且小说界的繁荣将随着姚明点燃中国篮球时代一起到来。最后，电影观众将迎来一波罗马尼亚电影制作者，过去三年里那个国家的导演赢得了四项重要的戛纳电影节奖，以及以严谨著称的布加勒斯特国家戏剧电影大学培养了一支出人意料的团队。

人们不知晓的是，在班尼斯特成功之后几周里发生的事情：另一名中长跑运动员，名叫约翰·兰蒂的澳大利亚人也突破了 4 分钟大关。随后的那个赛季，又有几位运动员成功打破了纪录。然后，运动员们陆陆续续地都突破了这个大关。那三年中，不下 17 位运动员跑出了 20 世纪最伟大的田径成绩。事情没有发生任何重大的变化。跑道一如以往，训练方式一如以往，基因也一如以往。自信和积极思维这两点并未点中要害。变化不是发生在运动员体内，而是对外部环境做出的反应。那 17 位运动员接收到了一个清晰的信号——你也能做到。这 4 分钟的纪录，曾经是一道不可逾越的障碍，现在立刻变成了一块垫脚石。

这就是激情的工作原理，是那些让我们意识到“**我就想成为那样的人**”的时刻。人们通常认为激情是一种内心品质。但是我探访的人才温床越多，就越坚信激情首先来自外部世界。在人才温床，正确的蝴蝶拍打翅膀卷起了人才飓风。

小小念头，影响深远

1997 年，加里·麦克弗森开始着手一项调查，来破解一个长期以来困惑着家长和音乐教师的谜团。为什么有些孩子在音乐课上进步神速，而有些却相对缓慢呢？他采取了长期跟踪式研究，随机挑选 157 名儿童，分析他们的音乐成长历程。

经过前 9 个月的课程，孩子们的水平明显变得参差不齐：少数几个孩子进步神速；少数几个勉强跟上；大部分人徘徊在中间水平。技能水平的分布遵循音乐天赋的钟形曲线，正好符合我们的直觉。问题是，是什么造成了这条曲线？它是不可避免的吗？随机挑选一群正在努力学习某项技能的人，这条曲线就能描绘这群人的能力分布情况吗？或者是否存在某些看不见的神秘因素，可以解释并且预测每个孩子的成败？

麦克弗森开始分析收集上来的数据，试图找出原委。这神秘因素是智商吗？不是。是听觉敏感度？不是。是数学能力？节奏感？运动感知能力？收入水平？不，都不是。

接着麦克弗森测试了一个新因素。在孩子上第一堂课之前，他提出过一个简单的问题，这个新因素就是孩子们对这个问题的答案。这个问题是：这个新乐器，你觉得自己会弹（吹）多久？（选项有：今年、小学期间、直到高中、终身。)

麦克弗森说 :“起先,大部分人回答‘啊,我不知道呀’,但是在你再三追问之下，最终他们会告诉你一个肯定的答复。早在那时，他们已经有了想法。已经给自己的生活选择了某样东西，让他们觉得 : 对，这就是我想要的。”

孩子们的回答分成了三类 :

短期承诺

中期承诺

长期承诺

然后，麦克弗森计算了每个孩子每周的练习时间 : 少量(每周 20 分钟); 中等(每周 45 分钟); 大量(每周 90 分钟)。

麦克弗森根据这些数据绘制了一张图(参见图 5-1)。

他看到这个图时震惊了。“我不敢相信自己的眼睛。”他说。进步不取决于任何可衡量的天赋或者性格，而是一个微不足道的念头。一个小小的念头却产生了无穷的力量，孩子甚至在学习开始之前就打定了主意，这决定了进步的快慢。不同孩子之间的表现有着惊人的差异。同样的练习时间，给出长期承诺的那组孩子表现得比给出短期承诺的孩子好4倍。他们仅用了每周20分钟的练习时间，就比那些练习一个半小时但只有短期承诺的孩子进步更迅速。长期承诺的孩子加上充分的练习，他们的技能早就出神入化了。

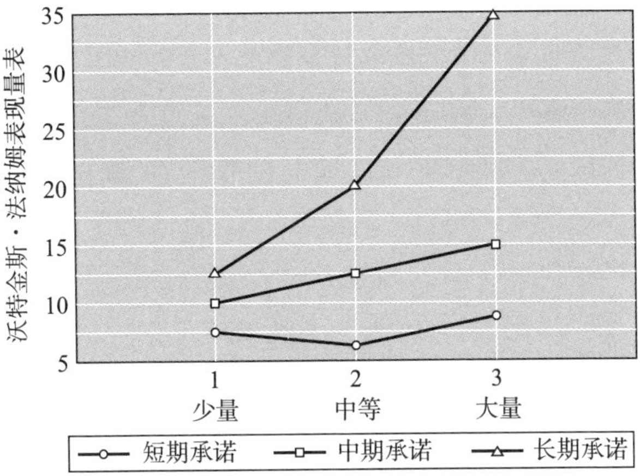

图 5-1 麦克弗森图

“我们本能地认为每位新生就像一张白纸，但是他们对第一堂课所抱的念头，却可能比任何一位老师可能发挥的作用都大,也比任何强度的练习都要重要,”麦克弗森说，“这就是他们对自己的看法。在初期的某个时刻，他们就经历了一个清晰的阶段，‘**我是一位音乐家**’这样的念头浮现眼前。那个念头就像一个雪球滚下山去。”

这些孩子并不是天生就想成为音乐家。他们的理想源自某个清晰的信号，源自他们的亲人、家庭、老师身上的某些东西，源自他们在短短几年的生命中看到的一系列景象，遇到的各色人等。那个信号触动了几乎无意识的反应，发生了强烈的变化。这种反应具象化成一个念头：**我想成为像他们那样的人**。这不需要他们拥有逻辑思维（这与他们拥有的听觉、节奏感或数学能力无关），可能这个念头纯粹出于偶然。但是偶然会带来必然的结果，这个结果正是他们被点燃的激情，而且即将创造所有的奇迹。

启动信号

细细想来，激情四射不是一种理智的状态。一个人为了日后能够取得令人期待的巨大收益，于是放弃眼前的舒适。这不是简单的一句“**我想要 X**”。这关系到许多复杂的东西：**因为我以后想要 X，所以现在我最好像疯子那样做 Y**。人们现在谈论的动机仿佛是一种理性的因果评估。实际上，它更像是一场赌局，而且是胜负无法预料的赌局（要是未来的收益无法实现怎么办？）。马克·吐温的《汤姆·索亚》（*Tom Sawyer*）一书中，有个场景生动形象地展现了这种矛盾。

汤姆·索亚正按照波莉姨妈的严格指令粉刷围栏。邻居小孩本慢吞吞地走过，向汤姆卖弄他下午的打算。

本："喂，我去游泳。你难道不想去吗？不过，你当然宁愿干活了，不是吗？你当然愿意干活了！"

汤姆盯着他看了一番，开口说道：

"你认为什么是工作？"

"怎么，那不就是工作吗？"

汤姆继续粉刷起来，漫不经心地回答道：

"嗯，也许是，也许不是。我只知道，它很适合汤姆·索亚。"

"少来，你现在不会打算装着喜欢它吧？"

汤姆继续刷着。

"喜欢它？我想不出来为什么不喜欢它。男孩子每天都可以刷围栏吗？"

这话给出了一种看待这件事情的新视角。本不嚼他的苹果了。汤姆优雅地来回刷着，一会走远看看效果，随意地在某个地方加上一刷子，又评论一下粉刷效果。本看着他的一举一动，兴头越来越大，越来越陶醉。不久，他说：

“喂，汤姆，让我刷两下吧。”

汤姆想了想，打算同意；但他又改变了主意：

“不行，本，可能不行。你知道吗，波莉姨妈对这个围栏的粉刷要求可严了，特别是朝街的这一面。不过要是围栏背面，我是不介意的，她也不会。她对这围栏的要求太可怕了；得非常非常小心；我觉得一千个孩子，不，两千个孩子里面也挑不出一个人可以做到她要求的那样。”

我们都知道后面发生了什么：本的激情被点燃了，刷围栏的动力传播开来，结果汤姆开心地看着邻居小孩们拿东西乞求跟他交换刷围栏的机会。尽管这可能只是小说中的情节，但是这段文字展现了各种激发人们热情的信号。

上一节内容包含了三个激情的例子：韩国和俄罗斯的运动员，中长跑运动员，以及乐器初学者。问题是，他们之间有什么共同点呢？我们能指出的第一点是，他们的激情点燃过程是被动的。看起来像是发自他们的内心，实际上却并非如此。在每一个例子里，人们都是对某个信号产生了一种反应，这个信号以一种图像的形式出现：一位比自己年长的同胞取得了胜利，一位中长跑运动员同行打破了纪录，老师身上呈现出的一种神秘能力。问题是，这些信号有什么共同点吗？

答案是，每个信号都与身份和群体有关。每个信号都相当于一盏闪烁的灯，指引人们前进：**那些人在做超级有意义的事情**。总之，每个信号都针对未来的归属感。

未来归属感是少数几个原始信号之一：简单而且直接，开启内置在人类体内的激情开关，集中精力，关注一个目标。直觉告诉我们，这种说法似乎很有道理——毕竟，人们都会因为自己与一个成就非凡的群体有联系而感到心潮澎湃。然而，有意思的是，这种激励是如此隐秘，并且如此强大。

“人类是这个星球上最渴望融入群体的一种生物，”科罗拉多州立大学的杰夫·科恩（Geoff Cohen）博士说，“一切事情都依靠集体合作和共同投入。当一个信号告诉我们应该把自己与这群人联系起来时，它就像微力扳机，就像一盏电灯亮起。完成某项事业所需的能力早已存在，而此时人们会更豪情万丈地投身进去。”

我就一个在人才温床观察到的奇怪模式请教了巴特克斯：它们往往是些破烂不堪的地方，一点都不具有吸引力。如果用魔法把我访问过的所有人才温床的训练场地拼在一起——仿佛一个超级人才温床——那么那片地方会像一个棚户区。建筑物是临时搭建的，屋顶是油毡铺的，墙壁未经粉刷，地面杂草丛生，坑坑洼洼。这么多的人才温床都是如此乱糟糟的环境，以至于我开始怀疑自己看到的人才孵化器那种破旧简陋的状态与它们培养出来的光鲜人才之间是有联系的。巴特克斯认为确实如此，而且随口就道出了其中的原委。

“如果身处轻松愉快的环境，我们自然而然就会停止努力。”巴特克斯说，“为什么会这样呢？如果人们发现环境很艰苦，马上受到激励。一座管理完善的豪华网球学校给了学员一种豪华未来的体验——学习动机当然也就被压抑了，那是无法避免的。”

几年前，一位名叫格雷格·沃尔顿（Greg Walton）的自动化研究人员尝试来打开人们的动机金库。他召集了一群耶鲁新生，让他们阅读一堆内容庞杂、无关痛痒的杂文，其中一篇是一位名叫内森·杰克逊的学生的自述文章，只有一页内容。杰克逊的故事很简单：他考上了大学，没有明确的职业追求。后来他喜欢上了数学，现在一所大学的数学系里开心地工作。这篇故事简单地介绍了杰克逊的个人背景：家乡、教育背景、出生日期。文章毫无特色，读完即忘——除了一个小细节：半数学生看到的内森·杰克逊的出生日期，与他们自己的完全一样。阅读完这篇文章之后，沃尔顿测试了这群学生对数学的态度，并且测量了他们愿意花在一道数学难题上的时间。

结果出来后，沃尔顿发现生日匹配的那个组拥有明显积极的态度，在那道难题上坚持的时间也更久，超过65%。而那些学生并没有意识到任何变化。用沃尔顿的话说，生日巧合的影响“是在潜意识中发生的”。

“他们独自在房间里参加测试。门是锁着的；与社会隔绝；然而(生日关联)对他们是有意义的，”沃尔顿说，“他们不再孤独。对数学的热爱成了他们的一部分。不知道为什么。突然之间，是‘我们’在做这道题目，而不仅仅是‘我’。”

无论是心理学家（或是营销人员等任何试图影响他人行为的人）主动地操纵，还是仅出于人们所处的生活环境的影响，当信号传达到潜意识，扣动的扳机就会导致出人意料的结果。20 世纪 70 年代，来自长岛的临床心理学家马文·艾森斯塔德（Marvin Eisenstadt）追踪了在《大英百科全书》上能占到半页版面的每一位名人的家族史。马文对动机本身不感兴趣；他只是为了验证之前提出的理论：人才和精神病人与早年失去单亲或父母双亡之间的关系，结果却间接地论证了动机和父母早亡之间的关系。他收集了 573 名实验对象，涵盖了荷马到约翰·肯尼迪等各行各业的名人，其中有作家、科学家、政治领袖、作曲家、军人、哲学家、探险家。

在这群各有建树的名人中，经历了父母早亡的人比比皆是。早年失去了父亲或母亲或双亲的政治领袖包括恺撒（15 岁，丧父），拿破仑（15 岁，丧父），林肯（9 岁，丧母），列宁（15 岁，丧父），圣雄甘地（15 岁，丧父），斯大林（11 岁，丧父），以及克林顿（婴儿，丧父）。名单上的科学家和艺术家包括哥白尼（10 岁，丧父），牛顿（在出生之前，丧父），达尔文（8 岁，丧母），但丁（6 岁，丧母），米开朗琪罗（6 岁，丧母），巴赫（9 岁，双亲去世），陀思妥耶夫斯基（15 岁，丧母)，拜伦(3 岁，丧父)，艾默生(8 岁，丧父)，尼采(4 岁，丧父)，勃朗特三姐妹(分别在 5 岁、3 岁、1 岁，丧母)，还有马克·吐温(11 岁，丧父)。这群名人失去双亲中某一位的平均年龄为 13.9 岁，对照组则为 19.6 岁。总之，这份清单深刻而且覆盖广泛，足以证明 1978 年法国的一项研究提出的问题：这个世界是否由孤儿统治？①

这个实验中，基因无法解释这些世界一流的成就，因为这个清单上的人由共同的生活经历联系在一起，这些经历与染色体无关。但是，当我们把失去父母看作一个触发动机扳机的信号时，这种关联变得清晰起来。丧父或者丧

① 更新一下艾森斯塔德的清单，这是演艺界明星在 18 岁前失去了父亲或母亲的部分清单。喜剧界：史蒂夫·艾伦(1 岁，丧父)，蒂姆·艾伦(11 岁，丧父)，查理·卓别林(12 岁，丧父)，艾迪·墨菲(8 岁，丧父)，莫莉·香农(4 岁，丧母)。音乐界：托尼·本内特，麦当娜，查理·帕克，披头士乐队(保罗·麦卡特尼，14 岁，丧母；约翰·列侬，17 岁，丧母)和 U2 乐队(波诺，14 岁，丧母；拉里·马伦，15 岁，丧母)。电影界：凯特·布兰切特、奥兰多·布鲁姆、简·方达、朱莉娅·罗伯茨、芭芭拉·史翠珊、查理兹·塞隆。这份清单不包括那些父母中一方因为离婚、生病或其他因素而不再联系的人。如果包括，那么这份清单都能写成一本书了。关于失去父亲或母亲启动动机的说法，作曲兼制作人昆西·琼斯(Quincy Jones)给出了最明显的表达之一，他母亲患有精神分裂症。“我从来不认为自己有母亲，”他说，“我过去常坐在壁橱里对自己说，‘如果我没有母亲，我就不需要母亲。我要让音乐和创造力成为我的母亲。’那从未让我失望。从来没有。”

母是一个原始信号：生活不再安全。你不必成为心理学家，也会发现由于缺乏安全感而激发出来的能量储备；你也不必是达尔文主义理论家，也会看到这种反应是如何进化而来的。这个信号可以改变孩子与世界的关系，重新给自己定位，激发和引导自己的大脑去解决危险，处理生命中的可能性。正如基思·西蒙顿（Keith Simonton）在《天才起源》（*Origins of Genius*）中提到的，对于父母死亡，"如此不利的事件造就了人格的健全发展，彪悍到使他们足以克服拦在成功道路上的种种障碍和挫折。"

如果我们再假设艾森斯塔德名单上的许多著名科学家、艺术家和作家都完成了必要的一万小时的精深练习，他们身上的激情生物机理就更加明显了。早年丧父或丧母并没有给他们才能；而是一个原始信号——生活不再安全，这开启了古老的自我保护的进化开关，从而让他们倾入时间和精力去耕耘事业，所以在数年时间里，他们一步又一步地养成了各自的才能，一层又一层地包裹上了绝缘体。这么看,艾森斯塔德名单上的超级名人并非天赋异禀，并非人类中的统计异常值，而是统治所有人的普遍原则的逻辑外延：（1）才能需要精深练习；（2）精深练习需要充分的能量；（3）某些信号会触发巨大能量的迸发。

信号 05

我在朋友的孩子们中间做了一次非常不科学的调查。有个推论似乎成立：年纪最小的孩子往往走得最快。我稍微扩大了样本，结果更加有趣了。以下是百米短跑世界纪录保持者在家庭里的出生顺序，排在第一位的是最近的世界纪录保持者，随后是前世界纪录保持者，依此类推。

1. 尤塞恩·博尔特（3个孩子，排行老二）

2. 阿萨法·鲍威尔（6个孩子，排行老六）

3. 贾斯汀·加特林（4个孩子，排行老四）

4. 莫里斯·格林（4个孩子，排行老四）

5. 多诺万·贝利（3个孩子，排行老三）

6. 勒罗伊·伯勒尔（5个孩子，排行老四）

7. 卡尔·刘易斯（4个孩子，排行老三）

8. 伯勒尔（5个孩子，排行老四）

9. 刘易斯（4个孩子，排行老三）

10. 卡尔文·史密斯（8个孩子，排行老六）

虽然样本规模有点小，但规律是明晰的。名单上的8

名男子，没有一个是家中的长子，只有一人排在中间。总之，历史上跑得最快的短跑选手在平均拥有 4.6 个孩子的家庭中平均排行老四。在美国职业橄榄球联赛里也发现了类似的数据，冲锋码数排在前十的全职跑峰[①]，他们在平均拥有 4.4 个孩子的家庭中一般是第 3.2 位出生。

这种规律令我们感到奇怪，因为跑步速度看起来，听上去都像是一种天赋。然而规律表明，速度不是纯粹的天赋，而是一种技能，需要进行精深练习，通过特定的信号触发。这里的信号是——你落后了，跟上！我们有把握地猜想，在大多数家庭里，这个信号在孩子们的童年时代被发送和接收的次数即使没有上千次，也有上百次。年长的大孩子发送给年幼的小孩子，于是后者投入一定强度的努力，而那些年长的孩子（几乎拥有相同的基因）却从没机会体验。

也不是说，在一个大家庭里出生较晚就必然跑得快，更不是说有位家长在孩子年幼时过世就必然使其能够当上英国首相。但这确实说明，跑得快如同其他才能，受到一堆主要因素的影响，超越基因这个因素，直接相关的是对

① 跑峰在橄榄球中相当于前锋，需要快速突破防守队员达阵，进攻的成绩是以推进的码数体现的。——译者注

激励信号强烈的潜意识反应，这种激励信号提供了精深练习所需的能量，从而促进髓鞘质生长。正如麦克弗森的音乐家、韩国的高尔夫球运动员、俄罗斯的网球选手以及这个清单上的其他人，才能的出现不仅仅因为出生环境，也因为在某个神秘的节点上，他们捕获了一种强大的思想，它起源于身边一连串的画面和信号，这些微弱的火花点亮了他们的人生。

好运临门

未来的归属感与安全感是两个有力的原始信号，但它们并不是激发才能的全部信号。

20 世纪 80 年代初期，年轻的小提琴老师罗伯塔·萨瓦拉斯（Roberta Tzavaras）决定在东哈勒姆区的三所公立小学引入古典音乐教学。问题是学生人数远比他们能提供的小提琴多。为了解决这个问题，同时为了加强她的信心——即每个孩子都有潜力拉小提琴,萨瓦拉斯决定抽签。抽中的孩子组成了第一个班级,他们取得的进步令人惊叹。随后第二个、第三个班级均如此。该项目得以蓬勃发展，最后被命名为“第 118 号作品－哈勒姆弦乐中心”（Opus

118-Harlem Center for Strings）。萨瓦拉斯和她的学生们曾在卡内基音乐厅和林肯中心表演，还参加了《奥普拉脱口秀》（*The Oprah Winfrey Show*）的演出。他们的成功故事在 1999 年被改编成好莱坞电影《弦动我心》（*Music from the Heart*）。

其他的公立学校随即跟风成立自己的“118 号作品”。其中有两所公立学校，分别是东哈勒姆区的沃德利表演和视觉艺术中学和布鲁克林区的弗拉特布什 PS 233。这两个小提琴项目恰好成了对比组，因为它们几乎同时开始，碰巧由同一位教练——哈勒姆艺术学校的大卫·伯内特（David Burnett）指导。更因为其中一个项目成功了，而另一个没有。

沃德利较 PS 233 有众多优势，前者的课程以艺术为重点，在招收学生时，家长纷纷表示相信艺术教育的价值，学生确实对音乐感兴趣，学校有一座全新的礼堂，而且学校的经费预算允许为每位想学琴的学生购买一把小提琴。相反，PS 233 是一所古旧的城市公立学校。总的来说，学生并没有明显地喜爱小提琴，对艺术不感兴趣。更糟的是，开创该项目的基金会只买得起 50 把小提琴，大部分还是小规格的小提琴，伯内特只好举行“118 号作品”

式的抽签，来决定谁可以参加该项目。随着项目的开始，结果似乎早已注定：沃德利将获胜，而 PS 233 会失败。

然而一年之后，沃德利项目销声匿迹了，而 PS 233 却逐渐走强。为什么？

我相信，部分的答案就在关于“118 号作品”的纪录片《小小奇迹》（*Small Wonders*）中。影片一开场，导演捕捉到一个场景。萨瓦拉斯抽签选择时，孩子们神情紧张，坐立不安；拿到带给家长的申请表后，又是喧嚷叫喊。一两个星期过去了；他们的心中生出了一种期待。萨瓦拉斯再次来临，带着一叠抽中的申请表。然后，在安静的注视下，她开始宣布中奖者的名字。听到自己的名字，孩子们的反应仿佛触电一般。他们欢呼雀跃，振臂高呼。冲回家向自己的父母宣告这个令人激动的消息：他们赢了！这些孩子连哪根是 A 弦都不知道，但那无关紧要。他们被激发了。

如果才能是一个礼物，随机撒给全世界的孩子，我们自然认为肯定是沃德利获胜。但是，如果才能是一个过程，可以由原始信号启动，那么 PS 233 成功的原因就一目了然了。这两所学校的基因潜能是一样的；教学方式是相同的；唯一的差异是，沃德利的学生受到的激励只相当于轻轻一推，而 PS 233 的学生则被稀缺性和归属感这两个原始信号给激发了。两种情况下，孩子做出的反应和常人一致。

回过头来思考前一节提出的问题。为什么汤姆·索亚能够说服本帮他刷围栏？答案是，汤姆又快又准地把原始信号掷给本。短短几句话，他成功地点燃了排他性（“我只知道，它很适合汤姆·索亚……我看一千个孩子里面都没有……”）和稀缺性（“男孩子每天都可以刷围栏吗？……波莉姨妈对这围栏的要求太可怕了”）这些原始信号。他的手势以及其他身体语言传达着同样的讯息“盯着他看了一番”以及“一会走远看看效果，随意地在某个地方加上一刷子，又评论一下粉刷效果”——仿佛是在从事最最重要的工作。如果汤姆只发出一两个信号，如果这些信号之间悠闲的隔了一小时，那么他掷出的信号将石沉大海；本的激情仍然无法开启。但是，一系列丰富的信号激活了本一个又一个的开关，成功地打开他的动机能量闸门。

人们通常把这段看做一个老到的骗局样本：聪明的汤姆·索亚让掉以轻心的乡巴佬上当受骗，从事无聊的工作。研究原始信号的心理学家让我们从一个略微不同的角度去看待这件事情。汤姆的信号有用，并非因为本是一个没大脑的傻蛋（一个没大脑的傻蛋可能会耸耸肩，摇摇摆摆地向游泳池走去）。正如马克·吐温所写，汤姆的信号有用，是因为本“把每一个动作看在心里”。本的反应正是一个细心的孩子被激发之后产生的反应——韩国或俄罗斯那些孩子是开始专心练习，妹妹看到姐姐们跑在前面时开始努力提高步速。激情不遵守正常的规则，因为它就不是为遵守规则而存在的。它的存在只是为了工作，为了完成给自己选择的任务提供能量——或者像在下一章看到的，为了完成命运给我们挑选的任何任务。

THE TALENT CODE

06

疯狂的海岛

库拉索岛，加勒比海南部的一个珊瑚岛，面积444平方千米，最高点海拔375米，由于库拉索与邻近的阿鲁巴和波内赫同为荷属，因此它们经常被合称为“ABC岛屿”。岛上的官方语言为荷兰语，但讲帕皮阿门托语——这种结合了葡萄牙语、西班牙语、荷兰语、法语以及阿拉瓦克语的语言的人占据了本地居民的大多数。

就是这样一个小岛，不仅吸引了荷兰皇家壳牌的目光，还产生了许多知名人物。

安德鲁·琼斯，一名美国职业棒球大联盟的运动员。

兰达尔·科尔森，世界级爵士乐钢琴家。

图拉，1795年奴隶反抗行动的领导者。

丹尼尔·德·利昂，著名的社会主义者。

与库拉索岛相隔不远，位于加勒比海西北部，有一个国家叫作牙买加，飞人博尔特从那里跑向了全世界。

整个岛屿跳动了。

——卢西奥·安东尼娅，

库拉索岛小联盟家长

库拉索岛的“地震”

每年的8月，宾夕法尼亚州威廉斯波特举办的小联盟世界锦标赛上，来自库拉索岛的一群十一二岁的男孩都会再现一场生动的大卫与歌利亚之战。准确地说，就像大卫对阵15个歌利亚。此项赛事共有16支参赛队伍，通常由那些体形笨重、怒气冲天的大男孩统治，一群来自加勒比海偏远小岛的无名之辈，加之队员们身材矮小，瘦削而结实，不知为何却拥有骄人的战绩。[①] 在全球性的赛事中，能够蝉联两届冠军可说是成就非凡，而库拉索岛的男孩们在过去 8 年里，6 次打进半决赛，2004 年夺得冠军宝座，2005 年赢得季军。ESPN 的播音员戏称，库拉索岛是一座无所不能的小岛 [②]。

在库拉索岛的众多成就中，更令人瞩目的是，队员们是一群可爱迷人，举止谦逊的男孩。此外，与那些手下败将相比，他们的训练设施十分简陋（全岛只有两个正式的小联盟场地,其中一个场地的挡网是用破渔网做的）。而且，库拉索岛的棒球赛季只持续 5 个月；每周训练 3 次，比赛在周末进行，这样的赛程与其他地方，比如委内瑞拉，全年不休的赛程形成了明显对比。我在威廉斯波特 2007 年的赛季上看见他们，当时库拉索岛的年轻队员们正在进行早餐前的训练，日本队在旁边看得一团雾水。“他们为什么练那个呀？”一名球员困惑不解地问我。

然而，在这个以弱胜强的故事中，最引人注目的部分

① 2007 年，美国中西部球队的球员平均身高约为 170 厘米，体重约为 62 千克。库拉索岛球员的平均身高约为 155 厘米，体重约为 48 千克。

② 此称号来源于一本美国的经典儿童读物《冒烟的小火车》（*The Little Engine That Could*）。——译者注

是，库拉索岛的成功可以追溯到一个激动人心的时刻——实际上是两个时刻，各持续了三秒。这两个重要的时刻出现在 1996 年 10 月 20 日的洋基体育场上，时值世界锦标赛开幕赛，亚特兰大勇士队对战纽约洋基队。由于机缘巧合，那两刻如同诸多激情迸发的场合一样令人着迷，实际上就是一根球棒的曲面击中一枚圆形棒球那一块邮票大小的接触面时。如果在任何一个方向上差 1/8 英寸（约 0.3 厘米），甚至如果历史有任何改变，那么库拉索岛现象就不可能出现。

洋基体育场的赛事状况尚不明朗：没有得分，第二局刚开场，勇士队的跑垒员在一垒。安德鲁·琼斯（Andruw Jones）是一位无名新秀，来自库拉索岛，年仅 19 岁。他站在本垒上挥舞着球棒，胖乎乎的脸上浮起蒙娜丽莎般的微笑。琼斯的赛季开始于 A 级非职业棒球联盟[①]，两个月前刚晋级进入职业棒球联盟。洋基队的头号投手，安迪·派提特，用斗牛士般的阴郁眼神盯着他。派提特仅年长几岁，但是这幅画面的旁白很明显：敏锐的老将对阵天真的新秀。

① A 级非职业棒球联盟是水平最次的球队，其球员通常为新签约的新人。上面还有 AA 级和 AAA 级。——译者注

派提特做足了架势，然后全力投出一球，一个可恶的滑球。目的是引诱新人得出通常的错误判断——以为可以挥棒将之击落在地变成双杀。但琼斯不是普通的新人。他看出滑球里蕴含的旋转力度，于是奋力将球击向场地左边看台十排之外。5.6 万名粉丝鸦雀无声地看着琼斯绽开了笑容，飞速跑垒。

这是一个不同寻常的胜利，一个不可能战胜的对手，结果却成功获胜。紧接着下一局，琼斯走向本垒，面对另一个竭尽全力投出的球，打出了更高的弧线，落入左边的看场。电视播音员结结巴巴地喘着气，仿佛在解答一道高难的数学方程：世界锦标赛加洋基体育场加无名球员等于连续两次本垒打？随后，媒体的报道如同原子弹爆炸，为琼斯的天生才华欢呼，将他比作克莱门特、曼特尔和达·芬奇，惊叹此无影手腕只应天上有。事实上，无影手腕并非上天所赐。琼斯在他父亲亨利的教导下，从 2 岁就开始挥棒。长大后，他要舞动一把大锤，让它绕着手腕打转，每周 3 次，以锻炼手臂力量和速度。后来琼斯说：“（我爸爸）教我的一些棒球训练，把我累趴下了。”古柏镇的名人堂要求收藏琼斯的球棒。法国新闻社称其为“世界锦标赛历史上最伟大的新人秀”。琼斯腼腆的微笑如同冲击波一般划过世界各地的荧屏。

但是，与琼斯的家乡父老感受到的震撼相比，这一切都不值一提。琼斯本垒打那一击的声音依然回响在库拉索岛的小联盟创始人弗兰克·库列尔（Frank Curiel）的耳边。“那一击非常非常响亮。爆炸一般，大喊加油，每个人都在高喊，每个人都振奋不已。”几周后，小联盟报名注册时出现了第一波余震——新来了400个孩子。要是他们知道琼斯还不是岛上最好的球员之一，他们的动机可能会更强烈。15岁时，他曾为了多上场，从三垒转到外场，因为他并不是屡战屡胜。[①]

即使库拉索岛人们的神经回路注满了这股非同寻常的激情，也要过上一段时间，才能在当地出现人才大规模爆发，就像俄罗斯的网球界和韩国的高尔夫运动一样——再怎么说，髓鞘质不会一夜长成。直到2001年，琼斯本垒打之后五年，第一支库拉索小联盟球队来到了威廉斯波特的霍华德·拉马迪体育场，参加小联盟世界锦标

① 有趣的是，罗杰·班尼斯特成功破了1英里纪录之后，其他运动员的反应也是如此。在他打破4分钟的极限之前，没人认为他是世界级的天才运动员。类似地，库尔尼科娃常常败给她的网球队友。这两个例子中，同龄人的反应都是：怎么是他们？一副难以置信的样子，却受到极大的鼓舞。

赛（LLWS）。锦标赛大会官员认为他们能够出线纯属侥幸。毕竟，库拉索岛只获得过一次参赛资格，那还是在1980年，而且正如LLWS的新闻发言人克里斯托弗·唐斯（Christopher Downs）所说，“（库拉索岛队）以前一直挺蹩脚的”。但是，库拉索岛队——它一半的队员是在琼斯本垒打之后新加入的，过关斩将挺进国际组决赛，让观察员大跌眼镜。虽然在与东京队的冠军争夺赛上以2比1失利，但是他们成功地埋下了屠杀巨人的剧情主线，并且忠实地遵循此主线直至今日。

同其他人才温床的实际情况一样，库拉索岛的成功不单是因为原始信号启动了激情。还包括成功规律中所有的其他原因：严明的纪律，一流的教练，家长的支持，民族自豪感,对这项运动的热情,当然还有充分的精深练习（就我所知，琼斯式训练是铁打的规矩，而不是个例）。

库拉索岛的故事还有一个有趣的因素。在距它几十公里以西的地方有一个阿鲁巴岛，这个岛的许多重要方面都跟库拉索岛几乎一模一样。两个岛的人口密度类似，说同样的语言，同样深受荷兰文化的影响，同样热爱棒球，甚至连国旗也十分相似。阿鲁巴岛上的小联盟劲旅直到最近才能与库拉索岛队一较高下。最有趣的一点是，阿鲁巴岛也曾培养出一名职业联盟球员，在 1996 年他曾一度被认为比安德鲁·琼斯更有前景。该球星的名字是西德尼·庞森（Sidney Ponson），早年在巴尔的摩金莺队的战绩如同琼斯带给勇士队的光辉，也曾给阿鲁巴小联盟擦出崭新的火花，兴奋的人们纷纷报名加入球队。这两个岛屿就像双胞胎，甚至连动机诱因也类似，但是为什么库拉索岛的棒球之火一直熊熊燃烧，而阿鲁巴岛不是呢？

部分原因是，库拉索岛的人们同其他的人才温床一样，找出了可行的方法，能做成这件非常重要却很棘手的事情：保持激情之火不断燃烧。说服守财奴打开金库是一回事，而说服他每一年、每一天都大肆铺张吃圣诞烤鹅，这又是另一回事。激情迸发之后，如何维持？库拉索岛非常偶然地变成了天然的个案。

“嘿！你也可以”

激情不提供质量保障。某个突破性成就激发了一批人才涌现，同时就会有几十个突破性成就逐渐走出人们的视线。然而，德国的鲍里斯·贝克尔（Boris Becker）17 岁时在温网夺冠时，并没有鼓舞日耳曼球员打进网球界。米格尔·塞万提斯的一本《堂吉诃德》照耀了莎士比亚时代，但是对他的祖国西班牙的影响甚微。画家爱德华·蒙克（Edvard Munch）仍然是挪威唯一的一位表现主义画家。这些个例，以及其他类似的个例抛出了一个有趣的问题：为什么突破性成就有时候会引爆人才炸弹，而有时不会呢？

答案是除了原始信号之外，人才温床还需要更多的东西。包含一系列复杂的讯息——人、画面和念头——支持这股激情维持下来，几个星期、几个月、甚至几年，直至掌握技能。人才温床需要原始信号就如拉斯维加斯需要霓虹灯，不断有指向目标的信号闪动，维持激情燃烧。

想象年轻的米开朗琪罗在佛罗伦萨某个下午见到的景象。外出散步一个半小时，他可以拜访十来家著名艺术家的工作室。那些可不是平静的工作室：恰恰相反，那里有管教严格的师傅，一大堆忙着看管风箱的熟练工和学徒，他们整日为了委托订单、完成订单、制订计划、测试新技术不断竞争。他可能看见了多纳泰罗的《圣马克》雕像、吉贝尔蒂的《天堂之门》，从他的老板基尔兰达约到马萨乔、乔托以及契马布埃的一系列绘画作品——这些都是建筑界、绘画界、雕塑界最伟大的作品。所有这些作品都集中在几个街区里；都只是日常生活中的部分景观；所有闪烁的信号，构成了一条充满活力的讯息：**最好忙起来**。

或者想象一下莎士比亚时代的伦敦美人鱼酒馆（Mermaid Tavern）的景象。那里与环球剧场隔河相望，大部分作家，诸如马洛、琼森、多恩、罗利成天聚集于此，谈论文学、比拼辞赋。或者想想雅典的里克昂学府，那里有柏拉图、亚里士多德等人在辩论和教学。或者想想人头攒动的圣保罗，某天下午我在那里散步，试图记录看到的与足球有关的信号数量：电视上的精彩片段、一块户外广告牌、耳边的一段对话、四局室内五人制足球加速游戏、五个孩子在大街上玩颠球。在数到 50 之后，我已经数不清了。

库拉索岛威廉斯塔德的弗兰克·库列尔体育场不同于古希腊。露天看台上的铝制栏杆凹痕密布，本垒后面有一间简陋的小屋。而且我来观摩练习的那天，只有几位父母零星地坐在那里喝可乐。队员们正在为一场比赛热身，练习接球，互相开玩笑。看上去有点像普通小镇的一场棒球比赛，只是更加破旧一点，观众稍多一点。但那只是表面现象。细看之下，我发现遍地都是原始信号。

第一个信号是一个人，约有 1.83 米高，穿一件笔挺的花衬衫，手里端着一个红色的小杯子，杯子里是兑了红牛的帝王威士忌。那就是弗兰克·库列尔本人，68 岁的联盟创始人，运动场管理员，协调员，可乐推销员，灯光师，奖杯保管人，他还有一个最重要的身份是，这个小王国慈祥的统治者。他仿佛就是唐·科莱昂的热带版，尤其那沙哑的低语更是一模一样。库列尔领我转了转体育场，边走边大概讲述了他的故事：他如何在 45 年前把小联盟带进这个岛屿，如何在波多黎各看到克莱门特那场精彩的比赛，如何决定创立联盟，又如何去马萨诸塞州斯普林菲尔德学院学习体育教育，又如何通过库拉索岛的体育和娱乐机构找到工作，如何开着车在威廉斯塔德的社区里转悠，招募孩子参加训练。

“一开始是他们，”他说，“然后是他们的孩子，现在就是这些孩子在比赛。我一直看着这一切。”

通常，我们会形容库列尔这样忠实的组织者“住在体育场上”。这个描述用在库列尔身上一点都不过分。他的家就在本垒后面的一间陋室，长 3.6 米，宽 2.5 米，锡铁皮屋顶，建在钢桩之间；上面围着一条条铁链编织起来的栅栏，防止犯规球落进他的汤里。房间里的奖杯、勋章、设备、照片散落得遍地都是，正在侵占床和电视机的空间，后者是库列尔仅有的生活设施。库列尔每时每刻都在巡视，修整场地，打灯，送可乐，管束孩子。门廊被用作名人堂，张贴了许多照片，展现本岛棒球史上最伟大的时刻。有些晚上，库列尔会在门廊里放上电视机，与孩子们围坐在一起，观看职业联盟比赛。他也常常播放那张早已刮痕累累的录像光盘，重现安德鲁·琼斯当年的本垒打。

库列尔像王子一般视察他的王国。他指出："要学会打棒球，你需要三样东西，"他边说边在身体上比画，犹如划十字架，"心，脑子，棒球。如果只有两样，你能学会，但是永远不可能成为优秀的运动员。要想成为优秀的运动员，一定要三样都到齐。"

我们绕着体育场走。库列尔在靠近三垒的地方站下，纠正一个小男孩截地滚球的动作。他突然讲起岛上的母语——帕皮阿门托语，听起来就像一盘雷鬼音乐[①]在快速倒带。库列尔让孩子跑到球前面。"这样，"他放下自己的帝王威士忌比画着，仿佛拿起一个球，掷向想象中的垒，"对，就像这样！"男孩边看边点头，自己跟着做了一遍。

本垒的挡网后面有两个男人坐在水泥桌上，正对着小

① 一种始于20世纪60年代中期的牙买加民间音乐，后与非洲、北美的流行乐和摇滚乐相结合而最终成为雷鬼音乐。——译者注

耳麦说话。他们正在准备库拉索岛电台的一周棒球资讯，电台是他们自己架设的。他们旁边站着一个头戴红色棒球帽的男人，名叫费尔明·科罗内尔（Fermin Coronel），是圣路易斯红雀队的球探。岛上住了好几位职业联盟的球探，他只是其中一位。他们身边坐着家长，一副漫不经心的样子，相比他们在棒球上的造诣，对棒球史的了解，这副神情有点格格不入。“看这孩子，他的变速球投得很好。”一位 50 多岁的母亲提醒我。还有一位男子告诉我，他儿子 11 岁，每周的个人训练包括 3 次慢跑，提举哑铃以增加中枢肌肉力量。“这正是楚真的训练方式。”这位父亲说。他指的是贾尔·楚真（Jair Jurrjens），投球手，现签约亚特兰大勇士队第二年，声誉很高。顺便说一下，他父亲就站在那里，本垒挡网边上。

然后是孩子们。在这个松散的组织架构中，最上面的是年龄稍大的青年，打初级联盟球赛，同时协助教练工作。他们中许多人已经去过威廉斯波特，却仍然戴着破破烂烂的 LLWS 帽子，因为那是荣誉的徽章。接着是一批又一批，年龄逐次减小的孩子。对于有些人来说，LLWS 是一段崭新的记忆，他们刚刚荣归故里，讲述着飞机上发生的故事，还有等离子电视，见到了职业联盟明星球员，见到自己在

ESPN的身影。然后是那些希望今年加入全明星队的孩子（他们是所有孩子中最认真的），最后是一群散漫的四五岁的孩子，像猫咪那样窜上窜下地扑球，动作机警且敏捷。

弗兰克·库列尔体育场与其说是一个场地，倒不如说是一个窗口，透过它，孩子们可以看到螺旋上升的天堂阶梯，整齐地堆在面前，就像中世纪的绘画界。首先是加入联赛全明星队（成为那群家伙中的一员）；然后成为威廉斯波特的名人（成为那群家伙中的一员）；再进一步是被球探看中，签约成为美国职业棒球大联盟选手（成为那群家伙中的一员）。对弗兰克·库列尔体育场的孩子们来说，这些不是朦胧的梦想，也不是光鲜的海报；正是原始选拔阶梯上明明白白的台阶，真真切切的可能性混在嘈杂的电台报道中，映在杂乱的奖杯里，映在职业联盟球探太阳镜的倒影上。① 从激励角度来讲，一个6岁的孩子站在这个体育场上，有点像是站在西斯廷教堂里。天堂存在的证据就在这里：只需要睁开眼睛。

① 我遇到过一个最能生动展现选拔威力的例子。1987年在斯巴达，伊斯兰诺娃教练（Kauza Islanova）一开始挑了21个7岁的孩子参加训练。几乎每隔一个星期，她就会淘汰一个人。在最后剩下的7个孩子中，有三个后来成了世界排名前10的球员（德门蒂耶娃、米斯金娜和萨芬）。“一个班出三个，很不错了。”德门蒂耶娃说。

某天深夜，我和菲尔伯特·卢埃林（Philbert Llewellyn）驾车在库拉索岛上绕着威廉斯波特转悠。跟居住在库拉索岛小联盟附近的大部分成年人一样，卢埃林从事好几样工作：教练，电台广播的特别报道员，以及警察局的副局长。八点左右，卢埃林的手机响了，我以为是警察局的事务。但实际上是他的两名棒球手急需他帮忙解释一条棒球规则，以裁决他们打的一个赌。卢埃林给出了解释（“不对，如果跑垒员已经第二次被触杀，第三次被触杀时，击球手的牺牲打不应得分”），挂断电话后他微笑致歉。“这种事常发生，”他说。

我执教小联盟十多年，接到过无数球员的电话，询问赛程、制服编号的，还有比萨饼派对的，更别提有临时球员迷上了我妻子，打电话问我是否可以和她聊聊。但是我还没接到过争论评分规则的电话。

“他们在琢磨棒球，”卢埃林一副警察那种无所不知的模样，耸了耸肩说，“它会每时每刻萦绕在脑海中。”

回到一开始提出的问题：为什么库拉索岛变成一个人才温床，而阿鲁巴岛却没有？尽管基因库相似，文化相近，连热情火花激发的诱因也类似，为什么阿鲁巴的棒球激情没有被点燃呢？除了已经指出的因素，另一个原因是各自激情的命运。西德尼·庞森，阿鲁巴籍投手，曾有着无可限量的前景，结果酗酒毁了他。他的体重逐渐超标，在几个球队间跳来跳去，并在 2004 年圣诞节因攻击他人被捕，被强制要求参加 27 小时的愤怒管理课程。而安德鲁·琼斯荣获 5 次全明星和 10 次中场金手套奖。然而，更重要的原因是库拉索岛拥有一套工具，维持被琼斯点燃的激情之火不灭。库拉索岛之所以能培养出众多的棒球人才，是因为琼斯的成功被诠释并放大成一系列可靠的原始信号体。弗兰克·库列尔体育场表面上只是破旧的棒球场，实际上却是一根 500 千瓦的天线，稳定地发送着有力的信号流和画面，这些加在一起组成了令人激动的低语：**嘿，你也可以的**。

激情的语言

至此，我们对人类本性中的激情的开关已经有了一些了解。首先，这个开关要么开着，要么关着。第二，它可以由某些讯息或原始信号触发。现在，我们来更加深入地学习如何用最普遍的信号——语言——来触发这个开关。

按照动机心理学家的说法，斯基普·安格布隆不符合寻常的模型。他是加州一家冲浪用品店的店主，是一个身材高大、步履蹒跚的自由论者。你可能还记得，安格布隆帮助成立了 Z- 男孩滑板队。希斯·莱杰（Health Ledger）主演的电影《狗镇之主》，讲述的就是 Z- 男孩的故事，其中保留了这位人才塑造者的性格原型，说话含糊，却十分精明。多年来，他没什么变化，除了两件事。第一，他那曾经蓬松的头发已经变成了一个耀眼的光头。第二，从 Z- 男孩偶然的崛起，到 1975 年德玛滑板比赛中传奇般的胜利，他对自己在这个演变过程中扮演的角色有了全新的见解。从他的视角来讲述，这些见解更能产生共鸣。故事是这样开始的：20 世纪 70 年代初，开始有几个瘦削的孩子在放学时聚在安格布隆的冲浪用品商店。

“我注意到他们，但是一开始没说什么。起先，我只是担心他们会顺手牵羊或者干其他的坏事，但是他们手脚干净，我就随他们去了。换了别人，肯定把他们扫地出门了。不过他们还好。我从小没有爸爸,知道他们在干什么；他们有点让我想起小时候的我，懂我的意思吧？然后我们开始一起玩。次数不多，我们去沙滩冲浪，给他们准备食物。我发现他们其中有几个，冲浪真的很厉害，所以我们开始比赛。

“嗯，那是一个星期六，比赛开始了，有个家伙大家都看好，懂我意思吧？他架子十足，以为自己是职业选手似的。嗯，我是教练，所以第一轮我安排年纪最小的冲浪选手杰伊·亚当斯（Jay Adams），跟这个职业选手比赛。杰伊那年13岁。我知道杰伊肯定行，不过他自己不这么想。我们就站在那里，等待比赛开始，人多起来了，杰伊跟那家伙做准备时，围观的人都激动疯了。他们在议论‘哈，开玩笑吧’，于是我走过去，站在那个大牌职业选手前面，用杰伊勉强还能听见的声音说，‘等着瞧，兄弟，你一点机会都没有’。

“然后，杰伊开始冲浪，把那个家伙打得落花流水。杰伊打败了那个大家都看好的家伙，就在那个时候，变化产生了。孩子们接连发出惊叹，从那一刻他们开始渐渐变强，他们感觉自己很牛。Z-男孩开始了，他们把那种劲头带到冲浪上，带到街头滑板上。是杰伊想出的这个主意，我们应该成立一个滑板团队。

“开始玩滑板之后，我们的练习是有系统的，每天练两个小时，一周练四天。你知道，一开始并不顺利。一切又回到训练；一次又一次地做一个动作。我从来不多说什么。我只是亲切地说‘干得不错，兄弟’或者‘漂亮’，有时候跟他们打个小赌，给点小甜头，如‘我听说谁谁上星期做了个那样的动作’。然后他们都像疯了一样去练那个动作，懂我意思吧？因为他们希望成为其中一员。

“当他们在德玛滑板大赛上亮相时，每个人都搞得好像那是多么意外似的。但是，Z- 男孩心里清楚地知道会发生什么事情。他们清楚，因为他们知道自己水平如何，因为他们刻苦训练，因为他们知道。不是因为我告诉他们行。不过，在这个过程中，我肯定帮到他们了。”

安格布隆停下来，陷入了沉思，再次组织了他的思维。

“是这样的。为了让孩子们对一些东西的感觉更迫切，你得表扬这些小家伙。你在跟孩子说些什么的时候，得明白自己在说些什么。你对孩子说的东西马上就会生效，你一定要超级小心，懂我意思吧？培养技能的关键是，树立信心。一旦信心点燃之后，它就能一直燃烧。”

从某个层面来说，安格布隆所做的算不上什么。他跟这个团队的沟通只有几句简单的话。有些是在关键时刻提出下一个非常具体的挑战（“等着瞧，兄弟，你一点机会都没有”；“我听说谁谁上星期做了个那样的动作”）。还有些是激励他们努力练习（“干得不错，兄弟”，“漂亮”）。

然而如果没有安格布隆，没有他那些具体的语言信号和指导，Z-男孩可能都不会存在，更谈不上成功。这些似乎是脱口而出的话，意义不大，却不知不觉间帮助他们获得了新的拼搏动力。

根据卡罗尔·德维克（Carol Dweck）博士得出的理论，尽管安格布隆的话朴实无华，却正好发出了正确的信号。德维克是斯坦福大学的社会心理学家，她在过去的三十年间研究人类动机，从动物到较复杂的动物——主要是中小学生。在她那些令人大开眼界的研究中，有一些涉及动机和语言的关系。“人类的左脑常以一种稳定的精神状态运行着，”她说，“但是一旦接收到一个明确的信号或消息，发出了一串火花，就会‘嘣’一下发生反应。”

德维克在纽约的400名五年级学生中做了一系列的实验，我们可以在这一系列实验中生动地看到“嘣”这一反应发生的前后过程。实验的目的是验证一个细微的信号，比如一句赞美，能对学生的努力和成绩产生多大的影响，以及什么样的信号最有效。

一开始，德维克给每个孩子一组相当简单的试题。随后，研究人员告诉所有孩子他们的得分，并附上一句六个字的表扬。一半的孩子收到的表扬是赞美他们的智力(“你肯定很聪明”)，另一半收到的是赞美他们的勤奋（“你肯定很努力”)。

孩子们接受了第二次测试。但是这次，他们可以挑选一份较难的试题或者较容易的试题。那些曾经被赞扬勤奋的孩子中，90% 选择了难一点的试题。而曾经被赞扬很聪明的孩子，大多数选了简单的试题。为什么？“当我们赞美孩子的智力时，”德维克写道，“我们是在说，这个游戏的名字是：聪明的，别冒险犯错。”

第三次的试题都增加了难度；所有的孩子都失败了。然而，两组孩子——勤奋组和智力组——面对这种情况的反应截然不同。“(勤奋组）钻研学习与试题有关的知识，尝试解决方案，试验解决策略，”德维克说，“后来他们说，他们喜欢这么干。但智力组讨厌难的试题。他们觉得这是他们不够聪明的证据。”

实验进行了一轮，又回到跟第一次试题同样难度的测试。勤奋组的成绩提高了 30%，而智力组的评分下降了 20%。这样的结果都源自六个字。德维克对此惊讶万分，于是又做了五次同样的实验。每次的结果都一样。

“人们敏锐地适应被告知的价值观，”德维克说，“我想，我们一直在寻找，寻找，试图理解‘我在这环境里是谁？我在这个框架内是谁？’所以当一个明确的信号出现时，就迸出了火花。”

我拜访的每一处人才温床，他们使用的语言都与德维克的研究发现相符，都是在肯定努力的价值以及缓慢的进步，而不是天生的才华和智慧。例如在斯巴达，他们不“打”网球——而更喜欢用动词 *borotsya*，类似于“战斗”或“拼搏”。韩国高尔夫球员被告诫 *yun sup'he*，翻译过来就是“Just Do It”（深得耐克公司的欢心）。库拉索岛小联盟的队伍中，那些 9 岁、10 岁的孩子们学习棒球时的口号是 *progresa*，即“一次一小步”。巴西足球运动员的年龄层次分为奶瓶（5 岁、6 岁），尿布（7 岁、8 岁），以及奶嘴（9 岁、10 岁），不到 20 岁的国家队运动员被称为 *Aspirantes*——希望之星。我拜访的所有地方，赞美之词并不能时常听到，那是在他们拼搏努力之后才可以得到的——这一发现与德维克的研究相吻合，她发现，多表扬并没有加强他们的动力，相反倒常常是降低了。“我们的研究展现了短短六个字所产生的作用。”德维克说，“关键是要明确。”

激励性的语言通常是指这类鼓舞人们争取不断进

步的语言：希望、梦想，以及泛泛的肯定（“你是最棒的！”）。这种高动机语言有其作用。但是从德维克和人才温床那里得到的信息很明显：高动机语言并不能激励人。它的作用正好相反：不是让人们去争取进步，而是使他们倒退，提醒他们无须努力，逃避痛苦挣扎。德维克的研究表明，像“哇，你真用功”或“干得不错，兄弟”这类话产生的激励要有效得多,而那类高动机语言则被她称为“无效的表扬”。

精深练习需要深入认真的工作以及热情的劲头。当你开始练习，你不是“打”网球；你在挣扎、在反抗，你需要集中精力，然后慢慢进步。我们的学习像婴儿的蹒跚学步。赞其勤奋的语句之所以有效，是因为它直达学习的核心，而想要点燃激情，没有比这更强大的了。

“如果我是一所大学，我培养的学生成功率将相当不错，懂我意思吧？”安格布隆说，“我是说，80% 或 85% 的学生最终会是成功的商人、运动员、百万富翁。哈佛都做不到吧。”

THE TALENT CODE

07

点燃明灯

有这样一所中学，那里的学生几乎没有任何自由。怎么走路，怎么坐，走路的时候怎么拿东西，怎么回答问题，甚至上厕所之后怎么洗手，都有严格规定。

这个学校的学生一般早上五六点钟就起床，在七点之前已经开始集体的学习。放学时间也比别的学校晚，一般要在下午六点以后，然后回家还要做两个小时的家庭作业。

除了刻苦学习之外，学校还要求所有学生必须有礼貌——非同一般地有礼貌。老师甚至有意在校园里放置垃圾，让学生们自觉捡起来。

学生们既不研究体育明星，也不常去博物馆，他们学习的核心只有一个，那就是一定要考上大学。这所学校就存在于当今的美国，它就是美国的 KIPP 学校系统——美国为贫困儿童办学的典范。

> 教育不是在填坑，而是点燃照明之火。
>
> ——叶芝

X 一代的荒谬念头

库拉索岛、俄罗斯和韩国那样的人才温床是由某个意外事件导致的：突破性的明星，奇迹般的胜利。无从预料，也无从规划。如果没有意外事件发生，就会出现另一类激情开关。而且这种激情开关最常出现在日常生活中。我在一个意料不到的地方——几所内地学校——看到这一幕的生动上演。

1993 年的冬天，麦克·芬博格（Mike Feinberg）和戴夫·莱文（Dave Levin）的心情跌到了谷底。他们都二十出头，两人是室友，同在休斯敦公立学校里担任二年级老师。他俩都是“为美国而教”的会员，那是一个新成立的非营利性组织，招募刚毕业的大学生去低收入地区的学校任教两年。芬博格和莱文的第一年教书生涯困难重重（车胎被学生捅破、班级秩序混乱），第二年更为糟糕。他们曾力图革新，却发现自己的努力处处受阻：无能的官僚、放任的父母、调皮捣蛋的学生、迂腐守旧的规章，以及这架堪称所有发明中最能令人沮丧的机器——美国内陆公立学校系统。莱文被告知无须再返校教书；芬博格则逃得更远，正热切地计划着法学院的生活。因此他们窝在脏乱的休斯敦公寓里打发一个个漫漫长夜，忙于一项历史久远的活动，也是所有二十出头的年轻人的最爱：抱怨自己的工作，喝啤酒，看《星际迷航》。后来，芬博格总结他们当时的精神状态为：“生命不息，烦恼不止”。

那些漫长冬夜中的某个晚上，不知出于什么原因（可能是听到了某段鼓舞人心的演讲，也可能是啤酒的作用），两位失意的“X 一代”[①] 冒出了一个反常的想法：不再与

① Gen-X 是指在美国出生于 1964 年至 1976 年之间的一代，中高学历、工作一般、常感到没有未来；喜欢购物，消费力不高却追求流行。这一代人容易受到媒体影响。——译者注

教育系统抗衡，而是打算开办一所自己的学校。他们煮上一壶咖啡，把 U2 的那首《注意点，宝贝》（*Achtung Baby*）设定为循环播放。到凌晨 5 点时，他们已经打印出一份宣言，包括四大主题：拉长课堂时间、聘用优秀教师、争取家长支持、寻求相关行政支持。咖啡因肯定起了作用，因为他俩给这个项目起的名字，跟柯克船长[①]发明的东西一样宏伟，即“知识就是力量计划”，或称 KIPP（Knowledge is Power Program）。

如果是在其他时期，像 KIPP 这样一个含糊不清的想法，主创人员又毫无经验，早就飘落在风中了。但当时，得克萨斯州刚通过了资助开办特许学校的法律，只要达到基本教育标准即可。几个月后，两人得到了以前都无法想象的结果：这两位新人，以及他们那份布满咖啡印迹的宣言获得了一个实践尝试的机会。这个机会不是开办一所学校（教育委员会可没那么疯狂），而是在加西亚小学某个角落里拨了一间教室，芬博格和莱文可以在那里随意实施下一步改革。而不可避免地，这趟理想之旅的下一步正是：摔个狗啃泥。

大部分的特许学校建立在一套健全的教育理论之上，

① 《星际迷航》中的人物。——译者注

比如华福德教育[①],蒙台梭利教育法[②]或皮亚杰教育理念[③]。而芬博格和莱文由于时间紧，采用了布奇·卡西迪[④]的原则：偷。他们找到该地区最好的老师，攫取他们的授课计划、教学方法、管理理念、课程表、规章制度，一切的一切。后来，人们赞美他们具有“创新精神”，但当时，他们的“创新”就如商店扒手在断电那一刻大肆偷窃一样。“我们借用了几乎每一个还没敲定的想法，”芬博格说，“我们借用了几乎所有的东西，除了水槽，但后来我们又回去把它取了过来。”

他们用偷来的一堆零件,“组装”了一台“教学老爷车”：一台老式引擎——勤奋（漫长的学校时间，校服，明确的奖惩制度），装在新式教学方法的外壳之下（用说唱的方式记忆乘法口诀；孩子们对家庭作业有问题时，可以打电话给老师）。教室墙上，芬博格和莱文贴了一句从著名的

① 华德福教育体系主张按照人的意识发展规律，针对意识的成长阶段来设置教学内容，以便于人的身体、生命体、灵魂体和精神体都得到恰如其分地发展。——译者注

② 蒙台梭利教育法十分重视儿童的早期教育，儿童独立性的尊重、精神胜于方法。——译者注

③ 皮亚杰根据依据心理学理论提出了智力优先原则、准备性原则、兴趣诱发原则、主动操作原则、互助协作原则，以及与之相应的一整套学习方法。——译者注

④ 布奇·卡西迪为西部片《虎豹小霸王》中的主角，是一位闯荡江湖的火车大盗。——译者注

洛杉矶教师雷夫·艾斯奎斯（Rafe Esquith）处剽窃而来的口号——“努力工作，和蔼可亲”，并且给这台“老爷车”设定了一个遥不可及的目标：尽其所能把学生送进大学。

“从一开始，我们就很清楚大学确实是人生的关键。”芬博格说，“当你从大城市的公立学校毕业，就会发现自己的人生废了——出生地基本上决定了成败的概率。大学是逃出这个魔咒的大门。”

那年春夏之交，芬博格和莱文开始招收实验对象。经过大量的社区宣传活动，他们最终招到 50 名学生，大部分父母对现状同芬博格和莱文一样失望。KIPP 计划的第一批学生走进那间小教室，开始他们第一天的学习，这时大学仿佛还很遥远。学生的成绩排名远低于平均数：去年，只有 53% 的学生通过了英语和数学国家统考。教室里拥挤不堪；他们寄居的学校一直抵制 KIPP 的存在；漫长的学校时间使每个人都很紧张（根据那份宣言，上课时间从早上 7:30 到下午 5:00，每隔一周的周六还要上课）。

可接着，奇怪的事情发生了。不知从何时起，也许是那年秋天的某个时刻，那台老爷车开始突突地冒烟，发动了。令每个人——不只是芬博格和莱文——感到惊讶的是，

KIPP 的学生没有辜负 KIPP 的口号：学生们和蔼可亲，学习非常努力。第一学年期末，90% 的学生通过了国家统考。

受到激励之后，芬博格和莱文再接再厉。头几年他们的学校颇像流浪汉与寄居学校争教室——芬博格留在休斯敦，而莱文搬去了布朗士，在拖车里上课，骗取弃置不用的房间。每年，他们都会窃取更多的好点子，弃用那些无效的想法。KIPP 学生的考试成绩逐年攀升。直到 1999 年，休斯敦和布朗士 KIPP 的学生的考试标准得分高过了各自所在学区的任何公立学校。这辆老爷车不仅在加速，还领先了一大圈呢。

故事在坊间传开了。KIPP 在《60 分钟》的报道播出后，收到了 GAP 服装品牌创始人唐纳德·费雪（Donald Fisher）和多丽丝·费雪（Doris Fisher）捐赠的 1 500 万美元。教师人数从数十名增加到数百名（其中多数是“为美国而教”项目的成员，该项目后来办得非常成功，每年安置 2 900 名新教师，吸引了 2008 届乔治敦大学、耶鲁大学和哈佛大学 10% 的毕业生去申请）。到 2008 年为止，从洛杉矶到纽约共有 66 所 KIPP 学校，招收学生 1.6 万名。目前，许多 KIPP 学校培养的学生都是所在城市中成绩最好的学生之一，而且很重要的一点是，80% 的 KIPP 学生考上了大学，继续他们的学业。芬博格和莱文仍然在休斯敦和布朗士的学校中教五年级，另外还负责监督他们所在地区的其他 KIPP 学校，他们还是 KIPP 国家董事会的董事。杰森·斯奈普斯（Jason Snipes）是哈佛大学的大都市学校协会成员，他用安德鲁·琼斯式的语言总结了他们的成功："KIPP 真的把球打出了界外。"

人们可以把 KIPP 看成是一个特别的故事，就像看到心地善良的阿甘完成了不可能的任务那样。如果这就是整个事件的全部意义，那么对它的研究到此也就够了。然而，我们还可以从另一个角度去解读：如果没有世界锦标赛上的本垒王或者其他传奇事迹的激励，如何从零开始创造人才温床？打开这台非凡的老爷车的引擎盖以了解推进它的动力，会让我们受益良多。

幕布冉冉升起

对于大多数学校，开学第一天的情形常常像马拉松刚出发时的轻松大步，或者像一场叛乱的第一次小规模冲突。然而对于 KIPP 学校，比如位于加州圣何塞的 KIPP 栋梁学院，新学年第一天就像百老汇戏剧首演时的场面。幕布升起前十分钟倒计时，戏剧开场前忙乱的后台，老师要给学生们交代剧本，时间表和剧情大纲，有一群紧张期待的观众。在 KIPP 栋梁学院，教师们在离院子几步路的空教室里开会，而学生们正在院子里集合。

院子里站着新招收的 140 名 KIPP 学生及家长，在清晨的阳光下转悠。孩子们紧张不安；父母们微笑着拥抱孩子，以缓解他们自己的紧张情绪。他们多数是西班牙裔，少数是亚裔和非裔美国人；都住在圣何塞那一大片廉租平房和政府补贴的公寓里。同许多 KIPP 学校一样，这所学校开始时的规模很小。2004 年，艾莉一家家上门拜访家长，询问他们对公立学校的看法，以及是否有兴趣尝试新学校（在那个社区，人们称艾莉为“那个问题很多的女士”）。第一年，KIPP 招收了 75 名五年级学生；自那时以后，又招收了 150 多名学生，增开了两个年级；而目前都已经有孩子在排号等待上这所学校了。这些背景有助于我们理解现在院子里洋溢的强烈的兴奋情绪。空气中充满了诀别的味道，仿佛孩子们正在登上一艘开往新世界的远洋巨轮。虽然绝大部分 KIPP 栋梁学院的学生来自所在学区，但也有例外。莱瑟·纳拉杨楠（Latha Narayannan）家住加州菲蒙市，开车一小时送儿子来这里。纳拉杨楠在一家网络咨询公司上班，薪水不错。她说，她所在学区的社区公立学校的教学质量不错，但她还是选择了 KIPP，因为她希望自己的儿子阿吉特，百分之百能考上大学。“我听说了这里的教学方法。”她说，“我的孩子应该来这里。”

细节就是 KIPP 文化，包括走路方式，说话方式（他们有三种不同的音量，正常、大声和轻声），上课的坐姿（身体前倾并且挺直，手里不能拿笔），倾听老师或同学发言的姿势（称之为“身随音动”：抬头，眼睛看着他，肩膀冲向发言的人），甚至包括如何使用厕所（用四到五张卫生纸，洗手时压一次肥皂液）。KIPP 老师会故意把垃圾倒在学校周围，看谁去捡起来，然后在众人面前表扬那个学生。他们不断地要求学生鼓掌、喊口号、列队行进。

“每一个细节都很重要，”芬博格说，“他们所做的一切都与其他的事情有关联。”

老师领着新生排队走进一间教室，让他们沿着划好的线席地而坐。学生们这时得知，他们的课桌椅需要自己付出努力才能赢得。学生们打开文件夹,看到几页数学题目。这是 KIPP 的早自习时间，艾莉大步走向讲台，再次以班级名义欢迎他们。

“作为一个团队以及家庭，我们的目标是，在座每一位都能上—大—学。”

“在KIPP，我相信你们。如果你努力学习而且行为端正，你们就能考上大学，过上成功的生活。你们会非常出色，因为在这里，我们非常非常勤奋，这会让你们变聪明。

“你们会犯错。你们会搞砸。我们也会。但是你们都会举止得体。因为在KIPP，每件东西都是自己争取而来的。一切都是靠争取的，一切都是。

“现在坐在地板上，不舒服吧？想要桌椅吗？你们得学习。等你们表现得像个KIPP学生，就可以有课桌了。”

艾莉那双深褐色的眼睛扫过整个房间，寻找目光交流。学生们和艾莉对视时，目光中透着紧张和兴奋。在我这个局外人看来，这里的纪律要求接近军事化标准，不过作用显著：孩子们参与其中，积极回应。

找出KIPP学生在这头几分钟接收到的原始信号，可以分为三大类：

1. 你属于一个团队；

2. 你们这团队一起生活在一个奇怪危险的新世界里；

3. 这个新世界就像一座高山，在山顶等待你们的是大学。

这三类信号看起来非常独特。事实上却和任何一位巴西足球运动员、俄罗斯网球运动员可能接收到的原始信号完全一致，你只需把“大学”这几个字换成“成为罗纳尔多或者库尔尼科娃”。正如芬博格常说的那样，“一切就是一切”。这听起来像是在说禅，但他真正表达的是 KIPP 执着于一致性——你身在 KIPP，你是 KIPP 的一分子。他们不喊“各就各位——预备——跑”，而是喊“各就各位——预备——KIPP”。学生之间彼此互称“队友”。KIPP 老师半开玩笑地称这个过程为“KIPP 式催眠”。

2005 年，心理学家马丁·塞利格曼（Martin Seligman）和安吉拉·达克沃斯（Angela Duckworth）测量了 164 位 KIPP 初二学生的若干因素，包括智商以及五项检验自律性的测试。结果用于预测学生平均成绩的因素中，有关自律性的测试得分要比智商预测准确两倍。似乎学习成绩的好坏更多地取决于行为规范，而不是任何所谓的先天素质。

芬博格说：“在这之前，学生们自小就如此。学校文化是一股令人难以置信的力量，而且为了达到目标，唯一的办法就是改变他们看待自己的方式。局外人看着似乎很极端，但这就是需要的措施。”

KIPP 用“暂停上课”这一措施教导学生行为正确。这可不是有趣的事。如果有人违反了某项重要规则，课程都会戛然而止，所有师生需要开会讨论刚刚发生的事情以及如何纠正。[①] 在我去参观前数周，课程就曾暂停过。原因是一位六年级学生嘲笑另一位学生，喊她大象。此前一次停课是因为一位学生朝老师翻白眼。不管如何，因为一位同学嘲笑另一位同学，或者翻白眼，或者称呼同学为大象就停课，这非常浪费时间（在我的学校，这可能会使课程永久搁置）。但它确实有效。KIPP 就像一台巨大的林克训练器，创造了一个精深练习良好举止的环境。

如你所见，KIPP 最重要的信号是大学，因为“大学！”这个词语时时刻刻都可以在 KIPP 听到。每间教室都是以老师毕业的大学而命名的：数学课在伯克利教室上；社会研究课在南加州大学上；特殊教育在康奈尔大学研究生院上。KIPP 的老师都习惯在上课时提及大学的事情。连教

---

① 至少从精深练习的角度来看，这不足为奇，丰田的装配线采用了同样的方法，并取得了巨大的成功。

室镜子上的题词都在问：“你打算上哪所大学？”

为了使这个光芒万丈的想法具象化，KIPP 的学生一入学就开始参观各个名校。KIPP 栋梁学校的五年级学生参观加州的学校，比如南加州大学、斯坦福大学、加州大学洛杉矶分校，而初一的学生则飞往东海岸参观耶鲁校园、哥伦比亚校园等学校。在那里，他们会见到 KIPP 的校友，听学长们讲述自己的历程。

“现在，大学对他们只是一个模糊的概念，”艾莉指着五年级新生对我说，“但是到五年级期末去参观大学之后，就会听见他们谈论这件事情，比如‘我喜欢伯克利，但是我觉得自己更适合加州州立理工大学波莫纳分校’，那时我就知道它启动了。”

芬博格说：“刚进入 KIPP 时，他们的生活就像是地图上的一个点。只有一个点，你什么都做不来。但是当他们把这点连接到另一点，连接到某所高校之后，你就找到了关联。大学之旅结束之后，他们对待自己的看法就不同了。”

在洛丽塔·杰克逊（Lolita Jackson）的数学课上，激情鲜活起来了。55 岁的杰克逊是一位小个子女性，戴着一副大耳环，课堂纪律严明同时充满热情。她的前 20 年职业生涯是在本地公立学校系统里做老师，对于其局限性越来越灰心丧气。而加入 KIPP 学校后，她迅速脱颖而出，成为教学成果最丰富的老师之一，并且升任学生训导主任。每年的迎新周后，杰克逊开始第一堂数学课，一开始她关了电灯，然后让学生闭上眼睛。她把《星球大战》的原声 CD 放进 CD 播放器，然后按下播放键。随着凯旋的乐章奏响，令人不禁激情澎湃，杰克逊绕着房间阔步前进，仿佛舰船的船长正在等待出发前的倒计时。

她问道："KIPP 的勇士们，你们系好安全带了吗？准备好了吗？系紧了吗？因为这将是一次颠簸的旅程。接下来会很艰难，会很痛苦，但也会很快乐，因为我们要开始学习数学，最后上大学！"

孩子们静静地坐着，胜利的曲调回响在他们的脑海中。

我两次访问 KIPP，都有人过来询问我在干什么，是否需要他们的帮助，当然还问了我上的是哪所大学。交流的过程中某些部分有点雷同（过于有力的握手，热情地点头同意，以及过度的礼貌），但是这些虚伪的技巧给人一种热心结识新朋友的感觉。

丹尼尔·马加纳是一个六年级的学生，剪个平头。他说：“我非常喜欢这里。他们对每个人都一视同仁。我以前的学校并不认真管我，十项作业我只完成五项也无所谓。这里我得全部完成。”

丹尼尔是一位建筑工人的儿子，打算成为家里第一个考进大学的人。他还不确定考哪所大学，但肯定考虑加州大学的教育系——学费便宜，而且他得进一所设有激光手术和创意写作双学位课程的规模较大的学校。所以，他在考虑伯克利。“不过也可能会改变，再说吧。”他装作一副成熟的样子。

我问丹尼尔，他在来 KIPP 之前是怎么样的。他愣愣地盯着瓷砖地板，仿佛注视一个年代久远的考古坑。最后说道：“不一样。我想我是真的不喜欢读书。很无聊。在以前的学校，我只要用上 25% 的大脑，但是在这里我得全力以赴。”

然而，很快他就对这个话题失去了兴趣。然后丹尼尔提出了新的话题，询问我的孩子多大，给他们推荐书，打听我的旅行见闻，最后看看手表说“对不起，很高兴与你聊天，但我要去上英语课了”（握手），再见，然后留下我站在那里思考：这孩子到底是谁？有多少是丹尼尔自己，又有多少是由 KIPP 的经历塑造而成？

我们无法假设，如果丹尼尔·马加纳没有来 KIPP 学习，会不会成为一个雄心勃勃、细心周到的孩子，会不会实现什么伟大成就。或许他会一直如此；也或许一旦从 KIPP 毕业，他就会走回老路。不过，看着他消失在人群中，我感到震惊，KIPP 扭转了人们对本质的认识。通常，我们认为良好的品性深入内心而且无法改变，是天性的外延，通过行为展示出来。KIPP 以不同的方式看待这一品质，它认为良好的性格是自外而内的，而且可以由动机和练习综合创造。

KIPP 的这种看法建立在髓鞘质的基础之上。一名 KIPP 学生每次想象自己考进了大学，一股能量就涌现出来，这和韩国女孩想象自己是朴世莉时滋生的能量没什么不同。每当 KIPP 学生逼迫自己去遵守那些吹毛求疵的规则时，就点燃了一条神经回路，并生成绝缘体。每一次学校停课，纠正不良行为时，技能就得到了提升。难怪丹尼尔·马加纳是一个如此彬彬有礼、纪律严明的年轻人——他已经在进行这些品质的精深练习了。

艾莉说："我们做的就像是拨开一个开关，这是一件精细活。不是随机的，不涉及任何运气。你必须对自己的所作所为负责，以确保每个细节都朝着同一个目标。然后开关启动了，孩子们开始进入状态。而一旦启动，剩下的也就水到渠成了。

10000 TALENT CODE

第三部分

伯乐

THE TALENT CODE

08
伯乐的武器

1949年，音乐家克莱门特·马修来到了一所被称作“池塘之底”的寄宿学校，成为这里的助理教师。这所学校的孩子是出了名的顽皮，校领导们即使采用体罚来管教他们，依然无济于事。但马修不同，他不但不对这些孩子施行惩罚，还教他们唱歌，想用音乐滋润他们的心灵。他还发现，这群孩子中最大的麻烦制造者皮埃尔·莫昂克有着天籁般的嗓音，于是他克服重重困难，带领莫昂克走上了音乐之路。几十年后，皮埃尔·莫昂克成了世界著名指挥家。

这就是电影《放牛班的春天》所讲述的故事。

莫昂克这匹千里马在伯乐马修的帮助下，终于得以驰骋奔腾。

> 不管这算什么，反正不是甄别人才。我从未想过在大街上寻找人才。从基础着手，很快就知道这是怎么回事了。
>
> ——罗伯特·兰斯多普

教师的超能力

20 世纪早期，美国的银行抢劫团伙手段拙劣。像得克萨斯州的牛顿兄弟那样的黑帮只会一个简单不变的计划：选定一家银行，等到天黑，然后用炸药和硝化甘油炸开金库（这种方式，除了难操作之外，偶尔还会造成不幸的副作用——把钱点着）。曾经有段时间，这种直截了当的方法非常管用。不过，到了 20 世纪 20 年代初期，银行学乖了，给金库装上警报系统，砌上防爆的加固水泥墙。诸如牛顿兄弟那样的抢劫团伙束手无策；银行管理人员相信，一个安全保障的新时代来临了。

但它并没有来到，只是提高了银行劫匪的技巧。新一代抢劫团伙大白天作案，而且非常专业，以至于有时候警察也暗自钦佩。仿佛银行劫匪突然进化成了更加优秀的物种。1922 年 12 月 19 日，他们在丹佛市中心展示了一把自己的实力。一名匪徒仅花了 90 秒钟就从美国联邦铸币局盗取了 20 万美元，这项“壮举”不仅使抢劫迈入计秒时代，更被称为史上“最具性价比的银行劫案”。

这里必须提到这名领导了丹佛劫案的男子：赫尔曼·“男爵”·拉姆（Herman “The Baron” Lamm）。拉姆是现代银行抢劫手段的创始人兼导师。他出生于 1880 年左右的德国，长大后成了一名普鲁士军官，被逐出军队后移居美国（据说是因为打牌时出老千）。在那里，他从事一项还算成功的职业——敲诈勒索的流氓，抢劫行人，偶尔也抢银行。1917 年，拉姆开始在犹他州州立监狱服役两年，期间他构思出一套全新的银行抢劫计划，给这项曾经拙劣的职业引入了军事原则。他的独到见解是，抢银行不靠胆量跟武器，抢劫是一项技术活。

每一次的银行抢劫计划都需要数周的筹备工作。拉姆率先推行“踩点”，即观察银行地形，画成地图，而且偶尔要冒充记者，去看一看银行的内部运作。拉姆给团队里每个人分配了明确的任务：望风、大堂、金库、司机。他利用仓库当作银行进行排练。还坚持准时为第一原则：规定时间一到，不管有没有拿到钱，整个团队马上撤离。拉姆在不同的天气状况下勘察撤退路线，计算时间；地图以 1∶10 的比例绘制，贴在仪表板上。

拉姆的计划代号“男爵拉姆计划”，成效显著。从 1919 年至 1930 年，拉姆凭着这个计划从全美各地的银行席卷了数十万美元；他去世后，又传给约翰·迪林杰（John Dillinger）等人。[①] 拉姆的计划今日仍被广泛采用，它的成功不仅因为其概念的力量，更是因为拉姆能够准确传达他的想法，并且将这项极为艰巨的任务转化为天衣无缝的

① 拉姆死于 1930 年，当时他遇到了一系列不可思议的事件，连他自己都无法预见。他正从印第安纳州克林顿的一家银行撤离，撤退时汽车竟然爆胎。拉姆和三名团伙成员劫持了另一辆汽车，那辆车却装备了一套控制时速于 35 英里（约为 56 千米）的管理系统。他们又抢了第三辆车，而这辆车的散热器在漏水。第四辆抢来的汽车油箱里只有一加仑的汽油。经过一番短暂追逐，两个团伙成员投降，绝对谨慎的拉姆和他的司机被警方击毙。

表现。他是一位创新者，以严格的纪律教学。用信息启发“学生”。总之，“男爵”拉姆是一位伟大的教练。

然而，在我们介绍哪些是伟大的教练之前，先来看看哪些人不是。多数人认为，一位出色的教练应该是一位伟大的领袖，拥有坚定的信念，久经考验的智慧以及十足的动力，能帮助人们铺出一条成功之路。比如船长或者讲坛上的传道人，他们的核心能力在于了解一些其他人不懂的东西，并且以一种启发思维的方式与人分享这些知识。这么看来，橄榄球教练文斯·隆巴迪（Vince Lombardi）和乔治·巴顿将军、伊丽莎白一世并没有明显差异。但我在人才温床却没有找到“隆巴迪”、“巴顿”、“伊丽莎白女王”。

相反，我遇见的教师和教练都较安静，气质内敛。多数已经步入老年，许多人都已经从教三四十年了。他们拥有同样的目光：坚毅，直入人心，坚定。倾听的时间多过说话的时间。他们似乎对打气和励志演讲并不感冒，却会花大量的时间纠正细小而且有针对性的具体问题。他们对自己的学员高度敏感，能够根据学员的个性，使用不同的指导方式。我见到十来位教练都是这样，使我不禁开始暗自怀疑他们是否私下分享过经验。

汉斯·詹森（Hans Jensen）是一位大提琴老师，芝加哥人。我在草山音乐学校遇见了他，那所学校前文有所提及，位于阿迪朗达克山脚下，很安静，是古典音乐人才心中的避风港。我从没听说过詹森，但是在这里，即使在一群明星教员中间，人们仍然认为他很特别。在草山的第一天早上，两名学生跟我提到，他们曾经为了上詹森的课举家迁往芝加哥。甚至有人直接形容他为“世界上最伟大的大提琴教师”。

詹森是一个四肢瘦长，热情奔放的男子，50 来岁，戴一副大大的圆框眼镜。我在草山的某个练习室看到他时，那双眼睛正注视着 18 岁的胜佑（Sang Yhee）练习德沃夏克协奏曲。在我听来，胜佑的演奏出神入化：旋律流畅，音准完美，技巧高超。但是詹森不满意。

他大喊：“现在！现在！就现在！你得拉出‘嗡——’的声音，好像涡轮机发出的声音。你得拉出这种感觉，就现在。”

胜佑用力地拉奏着，手在大提琴的颈部跳上跳下。

詹森俯身过来。“我在你眼神里读到了。你在说，‘妈的，我要拉出那种声音’。不要用大脑思考。拉吧！现在！”

胜佑闭上眼睛，继续拉奏。

“对！对！”詹森喊道，“继续！继续！”

胜佑拉完了这一乐章，身子后仰，感到一阵眩晕，仿佛刚刚从过山车上走下来。

“那里！就是那里，你得加上那种声音。”詹森说。

胜佑谢过詹森，然后收拾大提琴离开练习室。正在此时，下一位学生惠特妮·德尔福斯（Whitney Delphos）走了进来。她到这里的时候刚好看见胜佑的课程结尾。现在，她坐在那个位置上，握住大提琴的颈部，微微有点出汗。

詹森让她坐好，自己背靠椅子，咧嘴笑着。“你好！”他缓和了一下气氛。

惠特妮微微一笑，似乎轻松了一点。詹森叫她开始，惠特妮全身心地投入在巴赫协奏曲上，此时他静静地听着。惠特妮拉得没有胜佑稳定。少数音符不够清晰，拉到快旋律的篇章时，还失去了节奏，总体来看更像是和乐器摔跤。她边拉边小心翼翼地瞟了一眼詹森，暗暗等待老师的大声喊叫，就像对胜佑那样。

但是詹森没有。他耐心、温柔地说：“思考。思考整个乐章。用心思考，然后你就会好十倍。拉弓拉太多了。

你要练的是这里！”他指指脑袋。“你必须想象！这像良药，虽然味苦，却能治病。”

惠特妮放下弓，闭上眼睛。遵照老师的指点，开始想象自己一节一节地拉着协奏曲。在脑中过了一遍，然后睁开眼睛。詹森说：“你在拉最后一个小节时用了颤音，是吗？”

惠特妮张大嘴巴，惊呼：“你怎么知道？”

詹森微笑着说：“我有时候会把人吓着，他们认为我有超能力。”

詹森拥有一长串的专业资格和头衔。他就读于朱丽亚音乐学院，在著名的伦纳德·博斯（Leonard Bose）老师和钱宁·罗宾斯（Channing Robbins）老师手下受训；曾在哥本哈根交响乐团担任独奏，是国际艺术家比赛的冠军。对古典大提琴音乐的认识可谓首屈一指。但是在这里看到的一切，与詹森的专业资格和头衔无关，这一切又与神秘的超能力息息相关。具体而言就是，他能够感知学生所缺乏的东西，给出正确的建议，以填补那些缺少的东西。

在胜佑和惠特妮走进房间之前，詹森并不认识他们。他不需要认识他们。这些检查、诊断和处方都是在几秒钟内得出的。胜佑的演奏需要加入更多情感，于是詹森就变成了一个活泼的啦啦队队员；惠特妮的学习技巧有问题，于是詹森就变成了一位禅宗大师。他不仅仅告诉他们该怎么做，还会身体力行，用姿势、音调、节拍、注视传达他要求的目标。那些信号直截了当，简洁明确，不容错失。

胜佑和惠特妮的课程结束后，我询问詹森对这两个学生的看法。哪一个更具才华？哪一个潜力更大？对于这个问题，詹森有点犹豫，这让我很吃惊（胜佑应该比惠特妮好很多）。但是这个星球上最好的大提琴老师跟我的看法相左。

“这很难说。我尽我所能教他们，之后的事情，谁知道呢？”詹森平静地说。

伟大的教练不像国家元首。他们不像在汪洋大海上为我们掌舵的船长，也不像布道坛上传诵福音的教士。他们的个性——核心才能的回路——更像农民；如汉斯·詹森那样认真细致的髓鞘质培育者。他们脚踏实地，而且严格自律。拥有广泛而且深刻的知识框架。他们将之应用于培养逐步提升的技能回路，却不掌控最终结果。詹森无法回答我的问题，因为这个问题的核心不符合逻辑。仅仅看见两棵幼苗，就能知道哪一棵会长得更高，这可能吗？唯一的答案是，判断孰优孰劣还为时尚早，他们都还在成长。

伯乐的秘诀

1970 年，教育心理学家罗恩·加利莫尔（Ron Gallimore）和罗兰·撒普（Roland Tharp）获得了一个梦寐以求的机会：在檀香山穷人区的一所实验小学里设立一项全新的阅读实验计划，该项目被称为“卡米哈米哈早教项目”（Kamehameha Early Education Project，KEEP）。加利莫尔和撒普应用了当时最前沿的理论，重点是让老师巧妙地增加“阅读”时间的比重。加利莫尔和撒普富有创新精神，工作认真且态度坚定。但结果却不容乐观。头两年，KEEP 项目的学生阅读成绩一直不高。到了 1974 年夏季，加利莫尔回忆说：“我们已经开始严肃地质疑所采用的方法。”

一天下午，他们在加利莫尔家后院打篮球，加利莫尔想到了一个主意：找一位最好的老师，跟踪并详细研究他的教学方法，然后用在 KEEP 项目上。

两人不约而同地想到了同一位老师，但还是有一丝迟疑。这位特别的老师声名卓著，广受赞誉，邀请他做实验小白鼠，即使算不上傲慢无礼，似乎也不可思议。但是加利莫尔和撒普已经无计可施，于是决定不管如何，先写一封信给这位名师。他们在信中写明了自己的要求，寄往波利体育馆的办公室，收信人一行写着“篮球总教练约翰·伍顿先生收”。

约翰·伍顿（John Wooden）作为篮球教练的成就就好比亚伯拉罕·林肯作为可敬的众议员所取得的成就。在过去的十年里，他率领加州大学洛杉矶分校队 9 次夺得全美冠军。他的团队最近刚结束了第 88 场比赛，延续了将近 3 年的不败战绩，ESPN 因此给伍顿冠以“有史以来所有运动中最优秀的教练”之称。加利莫尔和撒普都清楚，伍顿完全没理由把自己交给一对好管闲事瞎打听的科学家。因此，当伍顿回复表示接受请求时，他们非常惊讶。

几周后，加利莫尔和撒普热切地坐在波利体育馆的边席上，观察这位巫师指导本赛季第一场练习。作为球迷，他们清楚将会看到什么；作为退伍运动员，他们知道久经考验的教练工具：战术讲解，励志演讲，惩罚偷懒的队员跑圈，表扬训练努力的队员。

训练开始了。

伍顿没有发表演讲，没有战术讲解，没有要求队员跑圈，也没有表扬。总之，他跟他们以前的教练完全不一样。

加利莫尔说：“我们认为自己了解教练工作。我们的预期完全错误，彻头彻尾的错误。我认为与教练有关的东西，一概没有。”

伍顿在队员进行一轮 5 到 15 分钟的高强度传球练习时，连珠炮似的说着话。伍顿的“指点或者建议很简短，频率高、数量多，没有长篇大论的演讲，没有没完没了的训话……他的话甚至很少超过 20 秒”。

加利莫尔和撒普被搞糊涂了。他们曾以为会看到篮球界的摩西站在山顶传教，而这个人却像一个繁忙的电报发报员。他们有点泄气。这就是伟大的教练吗？

加利莫尔和撒普继续旁观训练。几周、几个月过去了，湮灭的洞见开始复燃。大部分原因来自他们收集在笔记本电脑上的数据。加利莫尔和撒普记录了 2 326 次不同的教学行为，并加以编码。其中，仅 6.9% 是表扬，只有 6.6% 是表达不满，其中 75% 是纯粹的信息：**该怎么做，怎么做，何时强化**。伍顿常用的教学形式之一是三段教学：先示范正确动作，然后模仿错误动作，最后再示范正确动作。加利莫尔和撒普写到，伍顿的“示范很少超过3秒，但是非常明确，就像教科书中的素描一样留在了他们的记忆中。”

这些信息没有减慢训练。正如退伍球员比尔·沃顿所说：“在加州大学洛杉矶分校，训练是永不停息的，高度刺激、超负荷、高强度、高要求。”虽然伍顿的训练方式看起来随心所欲，毫无章法，实际情况却正好相反。教练每天早上会和助理花上两小时规划一天的练习，然后在卡片上记录下每分钟的安排。他保留了每一年的卡片，方便对比调整。再细的细节也要加以考虑（最有名的细节是，新队员训练开始之初，伍顿最先教他们如何穿袜子以避免起水泡）。

这幅画面渐渐地清晰起来：使伍顿成为一名伟大教练的武器，不是表扬，不是指责，更不是打气。他的技能在于给球员提出的建议，如机关枪一般，同时具有针对性。**这样，不是那样**。这里，不是那里。他的语言和姿态是一种简短准确的冲击，告诉球员正确的动作。找出错误，并改正错误，启动他们的回路。他就是林克训练器的真人版。

伍顿可能不知道髓鞘质，但是同所有伟大的教练一样，他深刻地理解其作用。他用组块的形式教授特定动作，他自称那是“整块法”——先教球员完整的动作，然后分解，练习每个步骤。他制定了学习法则（也可称为髓鞘质法则）：讲解，示范，模仿，纠正，然后重复。“不要期望一下子取得大幅度的进步。试着每天进步一小点。这是必经之路，而一旦开始进步，就会持续前进。”他在自传《约翰·伍顿》中如是写道。

大多数人认为伍顿的成功是性格的产物——谦虚、多思并且拥有鼓舞他人的力量。但是，加利莫尔和撒普认为，作为一名教师，他的成功不单单是性格所致，更因为由性格推动而创造的训练方法——以错误为中心，计划周密，信息丰富。

那年秋天，加利莫尔和撒普返回 KEEP 项目，开始实践他们学到的经验，把新的重点放在课程规划，和以传达信息为主的教学方式。他们将表扬结合“伍顿法”：示范然后讲解；指导简短且坚决。加利莫尔说：“我们重新调整工作重心。开始在教学中思考‘约翰·伍顿会怎么做呢’？”

那年，KEEP 开始有了起色。阅读成绩上去了，理解能力改善了，学校曾经在标准测试成绩中远远落后于全国平均成绩，不久之后就反超他们一大截。1993 年，加利莫尔和撒普的 KEEP 项目获得了教育领域的最高荣誉之一格威文美尔奖（Grawemeyer Award）。“这不能简单地总结为约翰·伍顿成就了学校教育——在这一点上有许多层面的原因。”加利莫尔说，“但他确实功不可没。”

即使辉煌如伍顿，也很难在平凡的状况下成功。那些加入加州大学洛杉矶分校的球员具有高超的篮球技巧和强烈的动机；他拥有丰富的资源，并可以从中获得帮助。那么，普通世界里的教练怎么样呢？学生们刚上手，还没有展现出特别的才能，这项技能的回路仍未形成，此时什么样的教练最合适呢？或者把这个问题变成一个跟我们日常生活相关的话题：优秀的钢琴老师具有什么样的素质呢？

点燃热爱的火花

人们都会有一个常识：如果想让孩子开始学习一样新技能，应该尽可能找受过良好训练，像约翰·伍顿那样的老师。对吧？

没必要！20 世纪 80 年代初，本杰明·布卢姆（Benjamin Bloom）博士带领芝加哥大学的一个研究小组调查研究了 120 名世界级钢琴家、游泳运动员、网球冠军、数学家、神经学者以及雕塑家。调查的其中一项是他们在各自领域中，初次接触及受训的情况。研究者发现，许多一流人才，尤其是钢琴、游泳、网球方面的人才，他们一开始接触的老师似乎都很普通。

绝大多数的钢琴家、网球运动员、游泳运动员在挑选第一位老师时，只因为他们碰巧生活在同一个社区。人们可能会怀疑，这些普通老师是不是很快就被一些水平更高的老师取代了，事实并非如此。比如，调查中的钢琴家们通常师从第一位老师的时间为 5 至 6 年。

这不是完全靠运气吗？乍一看，布卢姆的研究似乎表明第一流的人才是先天遗传的产物，而非教学的产物。但也许，这里还有些其他因素呢。

事实上，我们家所在的城镇（5 000 人口）就有点音乐人才温床的味道（不受漫长的冬天的摧残）。有一所响当当的音乐学校，几位一流的老师，拥有顶级学院毕业的耀眼学历。但是当我们夫妻俩打算给孩子报钢琴课时，却有人建议我们去找一位我们从没想到的人：一位瘦小的老夫人，在小溪旁一幢摇摇晃晃的房子里上课。她的名字叫玛丽·埃伯森（Mary Epperson）。

玛丽·埃伯森今年86岁。长着一头浓密的白发，黑眼睛里透着热情与好奇之心。她的声音像音乐一样动人，能够夸张地用简短的歌曲来表达喜悦之词或者慎重之情。她从不与人攀谈，却把谈过的话牢记在心，可以准确地调用某个话题。她的多数交谈都以这句话开头："现在，告诉我。"

玛丽授课的过程是这样的。她总是非常高兴；聊一聊各自的生活。听到伤心处，她沉重地点头；听到开心的地方,则开怀大笑。她把孩子看作小大人,从不回避指出实情。

上课开始了。方式也很普通：弹曲子，犯错误，提出改进建议，时刻提醒，在乐谱上方贴上便条。但是全新的东西——情感——出现了。孩子们在每一次互动中感受到玛丽的关注和热情。手的姿势做好了可以获得雷鸣般的掌声；弹错的时候，玛丽会万般遗憾地说"不行啊"，要求再弹一次；弹对了，玛丽的喜悦之情溢于言表。课程结束之后会奖励一包巧克力，然后鞠躬。孩子们说："谢谢您的课！”玛丽鞠躬后郑重地回答：“谢谢你们来学习。”

布卢姆的研究里记录了钢琴家们对这些“普通”的钢琴启蒙老师的描述。在阅读这些描述时，我想起了玛丽老师。

> 她非常善于和小孩子相处。很善良,很温柔。
>
> 她喜欢年轻人，很和蔼，我很喜欢她。
>
> 他和孩子们在一起很开心，真心喜欢孩子，很有默契。
>
> 他非常有耐心，没什么进取心。
>
> 她上音乐课时，带来了一篮子好时巧克力和金色的星星，我超喜欢她。
>
> 对我来说，去上课就像过节一样。

这些人不是普通的老师；玛丽·埃伯森也不是。他们只是看起来普通，他们在启动激情，然后把小火花培养成熊熊之火。他们教的是热爱。“第一阶段的学习目标似乎是让学习者参与，并且沉迷其中，使他们想了解更多的信息和专业知识。”

要爱上弹钢琴可不容易。钢琴有很多键，孩子有很多手指，每时每刻都在出错。而这些教师就有如此罕见的能力，能够使它变得令人向往并且乐趣多多。“也许这些老师的主要作用是，使孩子刚开始的学习经历变得非常好玩，有所回报。许多领域的入门介绍是一些好玩的活动，而初期的学习也很像游戏。这些老师多给予正面的鼓励，极少批评孩子。然而，他们确实有一套标准，也希望孩子进步，尽管主要是通过表扬和赞美达到的。”

约翰·伍顿使用了人才理论中精深练习的部分，提供知识，纠正错误，加强技能回路。而玛丽对付的是激情部分，利用情绪开关，在油箱中加满爱和动机。他们都取得了成功，因为髓鞘质回路不仅需要精深练习，也需要激情；他们的成功真实反映了天才理论本身。

伟大的教练更像艺术，而非科学。它存在于两个人之间的距离，存在于语言、姿势、表达中。为了更透彻地理解伟大的教练是如何发挥作用的，让我们来概括一下伟大的教练所共有的特征。

THE TALENT CODE

09

伯乐的一万小时

菲尔普斯 7 岁开始游泳，但直到 11 岁时受教练鲍曼的影响他才开始认真对待这项运动。一次，12 岁的菲尔普斯输给了一个和他同龄的男孩，他恶狠狠地抓掉对方的护目镜，扔进游泳池。鲍曼告诉他，下次如果再输给同龄孩子，不允许出现类似的行为。

菲尔普斯认为他的成功很大部分要归功于训练。他在过去的 7 年时间，2 500 多个日子中，仅有 5 天没有下过水。“如果你休息一天，实力就会倒退两天。”这是菲尔普斯的座右铭，也是他的教练鲍曼送给他的至理名言，菲尔普斯一直深信不疑。

“我可不是为了钱，我只是在做自己喜欢的事情。当我还是个孩子的时候我就梦想成为奥运冠军。”

——迈克尔·菲尔普斯

> 教师的影响是永恒的；他永远无法知道自己的影响有多深远。
>
> ——亨利·亚当斯

教师的四大优势

教学工作同其他工作一样也是一项技能，只是它看起来更像魔术。罗恩·加利莫尔是一位杰出的教授，他非常恰当地描述了该项技能，“好老师关心学生的一言一行，而且通过这种关心，以及利用他们对该课题已有的深刻理解，他们能够捕捉到学生在技能学习道路上碰到的障碍，以及摸索过程中难以形容的状态，然后按照已经设定的目标与学生沟通。”

这段话中的关键词有**理解、捕捉、沟通**。教练的真正技能不在于一些普遍的生活智慧，比如人际沟通，而是具有灵活性的，要找出基于每一个学生现有能力的最佳位置，发出正确的信号，帮助学生达到真正的目标，并且反复重复这个过程。正如任何一项复杂的技能，它确实需要融会贯通几种不同的品质，即我所说的“四大优势”。

优势一：知识矩阵——伯乐的杀手锏

我在人才温床遇到的教练和老师大多是年长者，六七十岁的人占半数以上，他们都花了数十年时间学习大量的教育辅导方法。这不是偶然，恰恰是先决条件，因为这构建了超级神经结构，技能最基本的部分，即他们的知识矩阵。

“矩阵”这个词由加利莫尔提出，正是这个庞大的网格方阵使得优秀的老师脱颖而出。加利莫尔是这样解释的：“一位优秀的老师总是有能力引导学生更加深入，能够看到学生的学习能力并推着他们到达那里。他能引导学生不断地深入，因为他可以从各个角度思考这件事情，而且可以推演出无穷无尽的点。”换言之，那是一种神秘的混合物，包含了技术上的知识、策略、经验。能够让他们信手拈来，判断理解学生的进度，接下来该朝着哪些地方努力。简言之，这个知识矩阵是一位伟大的教师的杀手锏。

这些深厚的认识，并非与生俱来。同任何技能一样，那是随着时间，通过激情和精深练习逐渐掌握的。[①] 伟大的教练绝不能一蹴而就。我遇到的多数教练拥有类似的人生轨迹：他们曾经在各自的领域意气风发，却不幸受挫，但是他们能够积极寻找原因。这就有一个很好的例子，琳达·塞普蒂安（Linda Septien）出生于路易斯安那州，最终在得克萨斯州达拉斯成立了塞普蒂安声乐工作室，这个工作室走出了风靡全球的碧昂斯和杰西卡·辛普森。

塞普蒂安今年 54 岁，棕色的皮肤，神采奕奕，精力旺盛，时刻准备着打败任何足以让人灰心丧气的障碍。这种生机勃勃的状态不仅表现在讲话的方式（语速快、直言不讳、强调关键词）和开车的方式（她告诉我，去年就收到了 17 张超速罚单）上，更表现在她对待人生起伏的态度上。

① 正如安德斯·埃里克森提醒我们的，达到世界级的水平需经过 1 万小时的精深练习，所以一位伟大的教练或教师总是年纪一大把。可能这只是一种巧合。

塞普蒂安曾有过数次转型。20 岁刚出头时，她是一位成功的歌剧演唱家，嫁给了著名的橄榄球运动员。但是 30 岁不到，她的歌剧事业和婚姻都陷入了困境。1984 年，她希望转行进入流行音乐界。她去一家唱片制作商试唱，试唱很成功，至少她自己这么认为。

“我唱得漂亮极了，每个音都唱得很准。”她回忆道，“结束时，制作商们安静地坐在那里。我想，‘我把他们震住了，他们一定觉得我太棒了。’”

塞普蒂安凄然一笑：“然后他们实话告诉我：**我糟糕透了**。很烂。他们不在乎音调如何，他们在乎演唱者的感情。而我唱得毫无感觉，没有激情，没有故事。我是个古典音乐歌手，根本不知道如何让观众喜欢上这首歌曲。”

“当时我苦恼万分。我本来以为自己非常，非常出色，非常有天分，但是这几个人直截了当地告诉我，‘你不行’——他们是对的，我真的不行。这让我气急败坏，同时激起了我的好奇心。我要学会流行歌曲的唱法。”

随后几个月里，塞普蒂安一边照看刚出生的孩子，一边学习著名的流行歌手和摇滚歌星的表演：汤姆·琼斯（Tom Jones）、滚石乐队、U2，学习他们如何演唱、做动作、讲话。她在餐巾纸或者节目单上草草地记录笔记，她的心得塞满了大大的文件夹。塞普蒂安有条有理地分析不同的体系：她关注观众，如同关注歌手，她在观察到底是什么让观众疯狂。

20 世纪 90 年代早期，像黛比·吉布森（Debbie Gibson）和蒂芬尼（Tiffany）那样的年轻歌手火起来了。塞普蒂安觉察到了这股潮流——孩子们渴望成为流行歌星。“干嘛不做这一行呢？我懂流行音乐，只要搞清楚怎么教就行了。”

一开始，塞普蒂安用学习古典声乐的方式教流行音乐，传授学生普遍适用的技巧原则。但那行不通。“很快我就转变思路，开始更关注学员。”她说，“我意识到，我要做的是找出适用于他们的方法，然后把它与流行音乐中的元素连起来。这事没有系统方法，所以我得自己摸索。”

塞普蒂安一头扎进那堆笔记，几年之后设计出了一套课程，把结构严谨的古典声乐训练应用到流行音乐的世界。她找出惠特尼·休斯顿（Whitney Houston）的作品做音阶练习，分别设计了隔膜练习、听力训练、拟声唱法练习的项目。她不断尝试各种方法，弃旧纳新。她认为演出经验是核心要素，于是安排学生们在商业中心、学校、竞技舞台上演出。她要求学生自己写歌，邀请专业作曲家指导他们写歌。那些年，她的流行音乐知识的矩阵得到了扩充。1991年，11岁的杰西卡·辛普森进入塞普蒂安工作室学习，更是加速了这种扩充。

塞普蒂安回忆道："杰西卡有一种感染力——非常讨人喜欢，但是她在舞台上非常紧张。另外，她的声音需要大量的改造。她的声音很动听，但是宗教味道过重，而且杰西卡没有正确地控制声带。"

"杰西卡的另一个问题是，她的演唱没有感情，没有表情，没有沉醉于音乐情感中。所以我们在那上面花了很多工夫，还有手势、动作、与观众的交流，这些就是流行歌手的看家本领。观众就像一头巨兽在那里，你得学会控制它，跟它互动，让它为你疯狂。如果无法感染观众，那么即使声线无懈可击，仍然无济于事。好在杰西卡非常、非常勤奋。她全身心地扑在这上面。"

她用了两年时间克服声带问题，又花了些时间学习舞台技巧。等到16岁时，向塞普蒂安学习的第5个年头，辛普森拿到了她的唱片合同；3年后，她的一张唱片卖到了350万美元，出了一首白金单曲《我要永远爱你》(*I Wanna Love You Forever*)。人们高呼辛普森一夜成名，塞普蒂安却一直认为“一夜成名”这个词很可笑。

“大家都说杰西卡是一个得克萨斯姑娘，以前是教堂唱诗班的。真是滑稽——那姑娘如此勤奋练习，才变成了今日的歌手。他们说凯莉·克拉克森（Kelly Clarkson,《美国偶像》的冠军）曾经是一位服务员，就像她从来没唱过歌似的。服务员？有没有搞错？凯莉·克拉克森是一位歌手，受过正规训练，像其他人一样拼命练习。她并非从天而降，就像杰西卡不是从天而降一样。那不是奇迹。”

辛普森之后，接二连三的新星从这里升起。塞普蒂安与名声渐起的休斯敦歌手碧昂斯短暂合作，然后用她渐趋化境的技能培养并推出了瑞安·堪培拉（Ryan Cabrera）、黛米·洛瓦托（Demi Lovato）以及几位《美国偶像》决赛选手——小小的工作室开始以造星工厂闻名于世。更重要的是，现在她的知识矩阵完整了。正如塞普蒂安所说：“有人一旦走进这扇门，我就能在20秒内看穿他们。”

优势二：洞察力——鹰的视力

眼睛是第一道窗口，时而犀利，时而温暖。有几位伟大的教师告诉我，他们把自己的眼睛训练得像摄像机，拥有宽银幕电影系统的功能。尽管他们的注视可以是友善的，但主要不是为了传达友情。它传达的是信息，是为了看透你。

1974 年，加利莫尔和撒普研究约翰·伍德时惊奇地发现，有些队员常受到表扬，有些则常受到批评。对此伍德会说：“我不会对你们一视同仁，那样没有意义，因为你们每个人都不一样。上帝没用一个模子造我们。谢天谢地，如果他这么做了，那世界该多无聊啊？你不觉得吗？你们的身高、体重、背景、智力、才能等等都不一样。所以，你们每一位都应该被区别对待，那是最适合你的。我会决定如何对待你们每一个人。”

橄榄球教练汤姆·马丁内斯对这个过程有一个形象的比喻。他说：“就我看来，每个人的生活都是一碗奶油和狗屎，而我的工作就是平衡这两者。如果一个孩子的生命中有很多狗屎，那么我就要搅进一些奶油。如果一个孩子的生命中全是奶油，那么我就拌进一些狗屎。”

宏观来看，我遇到的教师都喜欢像记者一般，好奇地调查每位新学生。他们详细了解学生的个人生活、家庭、收入、人际关系、动机等事情。微观来看，他们一直在观察学生对训练的反应，检查自己给出的信息是否被吸收。

正如塞普蒂安所说："我总是在检查，因为我需要知道他们是否明白。"

加利莫尔说："他们在倾听各种潜台词。他们能够利用语言和动作来推动学生进步。"

优势三：简明的指示——神奇的教鞭

网球教练罗伯特·兰斯多普说："你得给他们很多东西，镇住他们，然后再多一点震撼。"

"震撼"这个词很恰当。多数伟大的教练在传递信息时，总会使用一系列简短、生动、高度鲜明的句子。他们总是说一些简单明了的话。最常见的句式是"现在就做××"；或给出暗示"你一定会……"。这些指示（通常）没有霸道的味道，但是听起来却是一种冷静急迫的感觉。

下面就是塞普蒂安与 11 岁的歌手凯西·林奇（Kacie Lynch）在练习歌曲时的 3 分钟对话记录。

> 凯西：（唱）
>
> 琳达：这是首舞曲，不舒缓，它不是一首煽情的情歌。它的节奏很快，所以唱快一点，就像吹小号。

凯西：（唱）

琳达：每段结尾加拟声唱法。这样唱："你知道，他有多在～乎～"

凯西：（唱）

琳达：结尾变弱，就像是一个空气跑光了的气球。

凯西：（唱）

琳达：用你的横膈膜，不是脸。那里，舌头再绷紧一点，吐字就更清晰了。

凯西：（唱）

琳达：脸颊的肌肉准备好唱拟声……快到了……快了……就是这里。

凯西：（唱）

琳达：用你打呵欠时活动的肌肉，你用的是那堆没用的肌肉群。就是这一片。

凯西：（歌曲唱完）

琳达：刚刚还行，不过我相信你能唱得更好。

凯西（点头）：嗯。

琳达：现在你得再唱一遍、一遍、一遍再一遍。

凯西：好的。

这就是塞普蒂安对学员动作的反应，迅速命中学生的技能回路，引向正确方向。在短短3分钟的歌曲里，塞普蒂安在这些方面发出了信号：

1. 体会整首曲子（“这是一首舞曲……就像吹小号”）；

2. 体会某些部分（“就像一个气球；在～乎～”）；

3. 在唱某些音符时，给出非常具体的肌肉动作（“脸颊肌肉收回，舌头绷紧，打呵欠时动的肌肉”）；

4. 动机（“你能唱得更好，得再多练一些”）。

塞普蒂安说话简洁明了，指出错误，提供正确方法，从而找出可以帮助她朝着目标前进的方向，这应该是有效的精深练习：因为这次排练后不久，凯西就与环球唱片公司签下了一份录音合同。

在我们形容伟大教师的工作时，耐心这个词用得很多。但是我看到的不算耐心。我遇到的教练不断地在改变他们的训练方法。如果 A 没用，他们就尝试 B 和 C；如果 B 和 C 也失败了，字母表上剩下的字母就充当备用。外人看来他们似乎是耐着性子重复，实际上仔细一看，这中间存在一系列细微的变化，每一点变化都是与众不同的练习方法，每一点变化创造了一条改正错误的途径。

在每个人才温床，我听到诸多频繁使用的句式，其中有一句是普遍常用的，即“好，现在就做……”。一旦学员能够完成一个动作，教练马上就增加难度。“不错。好，现在再快点”“现在加上合声”，小小的成功不是终点，而是踏脚板。

兰斯多普说：“推一下，推一下，再推一下，才能看到你真正的实力。大脑就是这样一个家伙，凡事都要亲自经历。真是太奇妙了！”

优势四：气质与诚信——不可阻挡的魅力

我见到的许多教练都散发着艺术气质。罗伯特·兰斯多普一头白发绾在脑后，身穿黑色皮夹克，讲话声音低沉如男中音。兰斯多普非常喜欢自己表现出来的各种性格。

他说："我很擅长演戏。高声咆哮，柔声细语；提出问题，察看他们的反应。这些我都擅长；有时我刻薄而且顽固，有时又很随和。都取决于孩子的表现。"

人们很容易说，这样看来，伟大的教师喜欢哗众取宠。但是我观察他们工作的时间越长，就越发觉，夸张的个性仅仅是他们为了让学生明白自己表达的真实意图。正如罗恩·加利莫尔说，道德和诚信是教师职业——即角色——的核心。他说："一位真正伟大的老师与学生之间是相连的，因为他们被当作道德标准。老师必然有同情心而且无私，因为你不会总是说一些学生已经知道的内容，而是指明一个方向，学生沿着这个方向努力，就可以达到自己的高度。"

老师在充当其最基本的角色，髓鞘质化的推动者，即指出错误时，教学效果最佳。KIPP 的数学老师洛丽塔·杰克逊告诉我："我知道自己在说些什么，我跟学生是相通的。"

足球训练与小提琴练习

人们倾向于把一位伟大的教师看作一位繁忙的电工，

总是准确启动对学生有用的髓鞘质回路，发射出信号。通常情况下，确实如此。但是许多时候，那些最杰出的教练也一声不吭。巴西青年足球学院和铃木小提琴教学项目都培养了大批世界级人才。然而，巴西的足球教练惜言如金，而铃木的小提琴教师则滔滔不绝。这是为什么呢？

巴西室内五人制足球练习是简洁的极致。一开始，教练让大家粗略练习一番，然后分成两组进行比赛。比赛时，双方全力以赴，非常激烈。两个钟头的练习，75% 的时间是在抢球，而教练往往一言不发。他全神贯注，时而微笑，时而大笑，时而像球迷那样在看见近身抢球时，发出"噢噢噢"的声音。但是没有给出常见的指点，也就是说，没有暂停比赛，没有指导、表扬及批评，没有做任何教练应该做的事情。表面上看，这种放任不管的做法似乎违背了基本的髓鞘质箴言。不打断学员的动作，给出指点，或表扬，或纠正，他们又怎么能学会技能呢？

另一个极端的是铃木的小提琴课。这里，老师仿佛把初学者放在显微镜下观察其一举一动。有些项目要求学生必须学习握琴和弓的手法几周之后，才允许拉奏曲子（在日本，许多铃木的学生头几周甚至连小提琴都不准碰，用上了琴弦的鞋盒来练习手法）。这和巴西足球运动员截然相反：100%的循规蹈矩、零自由发挥。然而，从成果来看，双方的教学技术似乎都卓有成效。这是什么原因呢？

我们再仔细看看技能回路的本质，每项才能都试图建立技能回路。从髓鞘质的角度考虑，双方教师只是看起来在做相反的事情。事实上，他们所做的恰是优秀教师应该做的：帮助尽可能多地启动正确的回路。区别在于两者所需的技能回路的本质不同。

技能回路如同电路，功能决定形式。不同的技能需要不同的神经纤维链结构来控制肌肉。

足球需要灵活性。圣保罗的"无教练"室内五人足球练习，使球员的灵活性得到了速度和强度的双重强化。这个游戏提供了练习近身对抗的机会，还能即时得到逼真的反馈：动作不管用，就失去控球权，那是球员的耻辱；成功了就进球，球员的荣誉，这些正是教练希望传授的。暂停比赛去强调一些技术细节，或者赞扬某个动作，都会打断"尝试–失败–学习"这个紧凑的流程，这正是灵活性精深练习的核心。球员们自我教学的方式比教练教导的任何内容都要有效。

小提琴初学者的情况正好相反。他们的神经回路不仅需要锻炼，还得用正确的方式锻炼。教练高度参与就是生理现象的反映：这类神经回路非常重要，是主干。通过教练的指导搭建起架子，引导幼苗朝着正确的方向生长（顺便提一句，这并不意味着必须严肃对待这个过程。我遇到的铃木老师就具有迷人的魅力，能够把“握鞋盒”变成愉快的游戏）。

1000 THE TALENT CODE

诸如踢足球、写作、喜剧表演这样的技能，需要建立灵活性神经回路，即需要学习者在脑中形成数千条回路，这样就可以轻松地找到一条回路，可以让他绕过变化无常的障碍物。

拉小提琴、打高尔夫、体操、花样滑冰这些技能，需要建立一致性神经回路，全靠扎实的技术基础，重现一场完美表演所遵循的基本法则。

这就是为什么自学的高尔夫球员、滑冰运动员，还有体操运动员达到世界级水平的鲜有案例，而自学成才的小说家、喜剧演员，还有足球运动员却层出不穷的原因。

置身局外的巴西教练和事事都管的铃木老师只是表面上采用了不同的方法；深入了解之后就会发现他们的目标同约翰·伍顿、玛丽·埃伯森等伟大的教师一样：把学员推入精深练习区，最大限度地释放，促使特定髓鞘质生长，最终朝着每位教师都期盼的那一天前进——学生可以自己教自己。

兰斯多普说：“由我告诉他们方法，或者由他们自己搞清楚，如果可以选择，我每次都选择第二个。你应该培养孩子成为独立的思想家、问题解决者。看在老天的分儿上，我可不想天天盯着他们。你不能永远养着他们。重要的是，他们得自己解决问题。”

THE TALENT CODE

10 伯乐的赌注

高中时他因为身材矮小，多次被停赛。大学第三年他在选秀大会上被芝加哥公牛队以第三顺位选中，他就是迈克尔·乔丹。

“在他的菜鸟赛季里，他的攻击范围还不够大，防守时还显得有些松散，”他的第一个 NBA 教练如是说，“他的中距离投篮还是很不错的（命中率达到 51.5%），他的抢断也掩盖了防守时身体姿势不够标准的缺点。在这两个方面的提高将会使他最终成为在球场任何位置都能给对方带来威胁的角色，并让他成为最好的一对一防守球员。”

“人们都确信火箭和开拓者将后悔他们的选择，”当年的得分王早在季前赛时就非常确信——“我只能说，芝加哥人真是赚翻了！”

> 教师就是为了逐步淡出。
>
> ——托马斯·卡拉瑟斯
>
> （Thomas Carruthers）

伟大的教练就像美国宇航局（NASA）的工程师，呕心沥血地培育人才，当火箭起飞时，自己却被留在原地仰望。每一位如约翰·伍顿这样的明星教练背后都有几十位默默无闻的汉斯·詹森、玛丽·埃伯森和拉里莎，他们在培养世界级的人才上依然起着关键作用。[①]

但是事情也有例外，世界的聚光灯也会出人意料地照

① 不是说他们对这样的身份不满。我遇见的教练中只有兰斯多普一个人曾直言不讳地说了一些表示不满情绪的话——“要是玛丽亚（莎拉波娃）没给我买新车，我就杀了自己。”

在伟大的教师这种微妙的人群上。不久之前，加州北部就发生了类似事件。这位教练名叫汤姆·马丁内斯，整件事的起因是一个价值 6 000 万美元的选择。

鉴于去年糟糕的赛事成绩——赢 2 场输 14 场，突击队第一次赢得了全美橄榄球联赛无能奖——有权挑选一名国内最有才华的大学球员。可惜的是，突击队管理者不知道该选谁。他们把范围缩减到两位候选人。选项 A 是凯文·约翰逊（Calvin Johnson），来自佐治亚理工大学的外接手。约翰逊身高 1.95 米，体重 108 公斤，兼具速度和身体控制两种神秘能力，球探惊讶地称他为“橄榄球场上的迈克尔·乔丹”。全国橄榄球联盟分析师认为，“每个人的心中都以为，凯文·约翰逊是此次选秀中最安全的选择。”选项 B 是贾马克斯·拉塞尔（JaMarcus Russell），一位身高 1.95 米，体重 117 公斤的无名选手。他初次上场是作为大专院校赛季的后备队员，一年间的战绩斐然。他声明自己将参加此次选秀,这让大部分观察人员大跌眼镜。

影像记录和球探报告看上去都非常有吸引力。一方面，拉塞尔拥有神话传说中那样的强壮胳膊（跪着可以扔 55 米远），漂亮的短传触杀秘诀，并且在压力下能够正常发挥。另一方面，橄榄球历史上四分卫人才合约的败笔比比皆是，仿佛被施了魔咒。突击队总部里展开了激烈的争论：半数球队管理人员想签约翰逊，另一半想要拉塞尔。

这个赌注价值 6 000 万美元，赌得是今后的合约。因此，突击队全体决策人员做了他们唯一可做的事情——把所有数据丢进垃圾桶，打电话给汤姆·马丁内斯。

执教 32 年来，汤姆·马丁内斯率领女子篮球和女子垒球，以及圣马特奥学院的男子橄榄球项目，总共赢得了 1 400 场比赛，一个赛季都没输过。私下里，马丁内斯被誉为四分卫大师。马丁内斯早过了退休年龄，可是要求他继续执教的呼声却一浪高过一浪。这种情况至少可以说是极少见的。

5 月里一个美妙的周六，我们坐在他家的厨房里。我问他训练拉塞尔这样的球员感觉如何，在拉塞尔的经纪人打电话过来之前，他俩从没见过面。

马丁内斯说："新接触一个孩子，和偶遇心仪的姑娘差不多。四目相接，心底会有种感觉涌动。交换眼神后，有种东西触动了你的神经，有种想上前搭讪的冲动。那就是在初次接触时，我期待可以从孩子身上感受到的一些东西，这可能把我们的关系带往一个不同的位置。"

马丁内斯停下来，眼睛出神地望着我。

“我在亚利桑那州见到了拉塞尔。当然，一开始他疑心重重。这很正常，每个人都想从他身上得到好处。我向他自我介绍，然后他开始满嘴说些‘是的，先生；不是，先生’，非常礼貌。但是太正式，有距离感。这是不行的。”

马丁内斯倾身过来，透出枪手一般的目光。

“我对他说，‘嘿，拉塞尔，我赏识你，这是你无法理解的。但是，我不会去拍你马屁。你可以听听我要说的，也可以不听。如果我满嘴废话，那么你可以认为我就是个废物，我是个老头子。不过我不需要你来提升我的名誉，我只想要一样东西。’”

“拉塞尔听见那句话时，眼睛眯成了一条线，全身绷紧。他在想，‘哈，终于来了。’我说，‘我要一件你签名的球衣和一张你本人的照片，给我孙子。’然后，拉塞尔笑了，笑得很灿烂。拉塞尔说，‘就这些？’我看着他，说，‘就这些。那就是我想要的。’之后我们相处得很好。”

但是到目前为止，马丁内斯没有提及任何与橄榄球，甚至与体育沾点边的东西。马丁内斯没有事先计划或者设计这种交流，而是现场反应。在见到拉塞尔后短短30秒内，他不打算取悦或说服对方，而是试图交流，搬开周围的障碍物，达成目标。

交流很重要，但不是唯一的。为了向我展示他是如何训练拉塞尔的，马丁内斯邀请我参加周末培训班。在那里我看到了下面的场景。

每周六的常规练习项目是三步撤回战术。马丁内斯像舞蹈老师一样让他们排好队，喊着节奏：跳、触、跨、滚、推。练习时，马丁内斯计数，然后提出改进意见。

“捡球的速度再快点，就像是从火中取栗。”

“把球举高；就像起飞的飞机。”

“球从屁股到腋下。”

“把脚分开——像个运动员的样，现在！”

“你就像服务员。把球举起，传球。”

“左脚妨碍了你的整体表现，懂吗？你在跨步，你得滚球然后跳。”

“看，多容易！”

30秒内，他用四种不同的方式解释了正确的动作：

触觉（“火中取栗”），拟人（“服务员”），象形（“飞机”）以及方向（“从屁股到腋下”）。

他说：“今天的孩子真难搞懂。他们知道所有的正确答案，所有设计好的答案。每个人都有自己的特长。你在这里是为谁？如果这是你想要的，那好，我们可以做到。如果你在这里是因为你的爸爸，或者你觉得这很酷，那么这将花很长的时间。这件事可不是流感疫苗。它需要你努力，就像拉小提琴。没有魔法。如果你不练习，就永远学不会一首曲子。

“我教的东西里有 60% 适用于每个人，难的是怎么让他接受这 60%。我要教你，就得考虑你在想什么，是怎么想的。我希望告诉你一种适合你的学习方式。我最大的挑战不是训练汤姆·布雷迪那样的球星，而是那些一点都不会的孩子，然后领着他们来到某个能做到的地方。那就是教练的秘密。

“拉塞尔，我和他共事大概 20 天。基本上我教他练习了所有你今天看到的内容。投掷训练。三步撤战术。如果这些太枯燥，我会说些好玩的。我们只是做了一些简单直接的常规调整。然后，设计了一套演示练习，可以展示给球探。我还和他们一家人聊了一会。我想搞清楚：他在听吗？聪明吗？他的工作热情来自哪里？他投入了些什么？这些都很完美。他具有良好稳定的价值观。突击队问我时，我告诉他们：这家伙可能是橄榄球场上的奥尼尔。”

2007 年 3 月 14 日，100 多位 NFL 人员云集路易斯安那州的巴吞鲁日，观看拉塞尔正式的选秀前训练。随后的一小时左右，拉塞尔完成了各种可能的传球，只失误了五次。一切结束之后，圣迭戈闪电队总经理史密斯（A. J. Smith）称拉塞尔为“我这辈子见过的最令人印象深刻的四分卫”。六个星期后，突击队挑选了拉塞尔为此次选秀的头号选手。

但是，突击队为什么听取马丁内斯的意见，原因是显而易见的：他拥有殊为可贵的才能。面对一个素昧平生的人，他能够在一种充满未知、金钱味儿和警惕的气氛中建立起两人之间的联系。利用这种联系挖掘对方的真实才能，这才能世人不了解，甚至连他自己都不清楚。

马丁内斯说，他跟突击队见面时，给了那些教练一条关于如何对待拉塞尔的建议。“头 3 年，拉塞尔需要一名拥有系统方法和语言技巧的教练。3 年后，他可能就有了比赛的经验和能力。但是你不能只丢给一个人 6 000 万美元，然后说，‘嘿，去吧，打赢比赛，进名人堂。’他需要指导——一致性的指导。他需要这样一个教练。”这位老教练的声音里充满了感情。他盯着树林看了一会，清了清喉咙：“拉塞尔和其他人一样：不可能只靠自己成功。”

THE TALENT CODE 后记

一万小时的世界

我们可以用下图来解释一万小时天才理论。

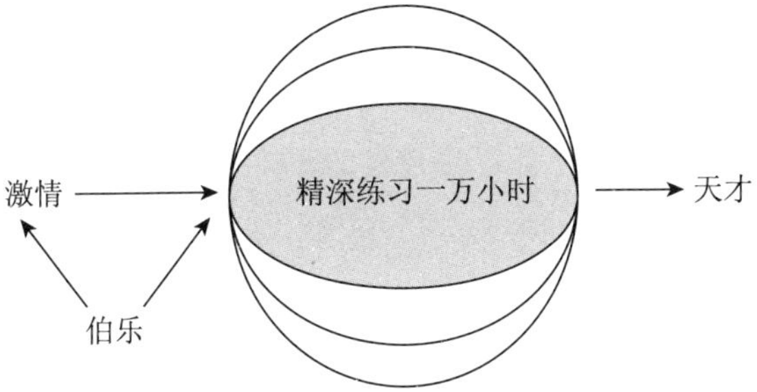

一万小时天才理论图示

这个模型的好处是，它适用各种技能，各种情况，小至一个家庭，大至一个国家。我想在结束之前，简单介绍一下这个理论如何应用在生活中的其他方面，特别是教育方式、工作、老化、为人父母——甚至掌握社交技巧。

教育

学生需要伟大的教师。提到如何建设一流的教学技能回路，我们在一个意想不到的地方找到了一个有用的案例：芬兰。尽管芬兰的学生文化（与其他成绩优异的国家不同）似乎在许多方面都与美国类似，芬兰的青少年在国际学生评估项目中位居榜首。正如《华尔街日报》指出，但芬兰学生“在网络上虚度光阴。染头发，喜欢冷嘲热讽，听说唱歌曲和重金属音乐。但是，到九年级为止，他们在数学、自然科学、阅读上遥遥领先——芬兰人由此成为世界上最高效的工作人士”。更重要的是，芬兰人投入在每名学生上的钱只有 7 500 美元，比美国的 8 700 美元要少。虽然一些观察家把这项成功归因于芬兰人一向以来的自律，以及人口的同一性，但是这种解释并不十分经得起考验。直到 20 世纪 80 年代，同样拥有这些优势的芬兰教育通常只被视为平均水平。什么改变了？

“有三个原因，”阿拉伯综合学校的校长凯苏·卡尔克南（Kaisu Karkkainen）在赫尔辛基告诉《华盛顿邮报》，“教师，教师，教师。”

在芬兰，教师的社会地位和医生、律师差不多，工资也不相上下。所有的小学老师都拥有教育学硕士学位；学校的运作就像教学医院，那里的青年教师都要经过分析评估。教师职位的竞争很激烈：有些学校的一个职位空缺就会收到 40 份申请。由于芬兰人善于接受新思想，又兼具计划性和投资意识，他们仿佛找到了一套制度化的教学精深练习法。

芬兰的作家兼哲学家佩卡·海莫能（Pekka Himanen）说：“关键不是投资了多少钱；关键是人。芬兰教育的高品质取决于芬兰教师的高质量……许多最优秀的学生想成为教师。这和我们真正相信自己生活在信息时代这个事实是联系在一起的，所以成为像教师这样重要的信息职业是值得尊重的。”

早教光盘，比如小小爱因斯坦（该行业的先驱者，现身价 5 亿美元），能使婴儿变聪明吗？这个问题在髓鞘质这面棱镜下就会看到截然不同的答案。传统的智慧观自然认为，答案是肯定的。毕竟，如果人才是天生的，那么光盘里这些由琳琅满目的造型和五彩缤纷的灯光构成的简单魔法大概会有助于开发婴儿的大脑（更何况，这可以让忙碌的母亲安静一会）。

但是研究表明，早教光盘不会使孩子变聪明。反而会使他们变笨。2007 年，华盛顿大学的一项研究发现，8 到 16 个月的婴儿每天多看一小时的“脑科学”光盘，习得的词汇将下降 17%。用髓鞘质模型来理解这件事情就完全说得通，早教光盘无效是因为它们没有提供精深练习的机会——相反，占用了那些可以用于锻炼神经回路的时间，有效地阻止了精深练习的进行。光盘上的图像和声音有趣逼真，像是把婴儿泡在温水池里，但是与婴儿在真实生活中跌跌撞撞而获得的大量互动、犯错、学习比起来，则用处不大。

商业组织

在日常生活中，想用具有启发性的比喻来解释高度概念化的组织，非商业世界莫属。商业世界告诉我们，好的组织就像运动员进行团体性竞技项目。像船只在危险的海洋里航行，像一队攀登珠穆朗玛峰的登山员，像交战中的希腊城市等等错综复杂、引人入胜、惊心动魄的类比，像所有情境都有其自己制定的一套角色、规则和框架，用于自我改进，而且所有情境因情况不同，或多或少都是对的。

30 年前，丰田是一家中等规模的汽车公司。现在，它是世界上最大的汽车制造商，净利润 116 亿美元。多数分析家把丰田的成功归于 Kaizen 战略，Kaizen 来源于日语，取持续改善之意。这正如我们自然而然会想到的“企业精深练习”。Kaizen 是一个发现并改进小毛病的过程。从物业管理人员往上，任何一名员工一旦发现问题，都有权利暂停生产线（每家工厂的地板上都装有电线开关，称之为 andons①）。员工提出了大量的改善意见，

① andons 用于精益生产（lean production），是指用三色灯作信号，比如红黄绿。红色表示有异常，需要立刻处理，黄色表示需要常规检查，绿色表示正常运作。——译者注

都是些小建议，比如零件放置桶的位置移动一英尺（约 30 厘米）。但是积小致巨。据估计，每年丰田的每一条装配线会实施大约 1 000 个新想法，总共约 100 万个。丰田像婴儿学步般断断续续地前进着，就像庞大的、生产汽车的克拉丽莎。这些小变化如同一小层髓鞘质，有助于整个回路运作得快一点、顺畅一点、准确一点。肯塔基州乔治镇的丰田工厂大门上挂着的标志，正是精深练习的完美体现："如果出现问题，问 5 次为什么。"

这听起来很简单。但是实际上，正如所有的精深练习，一个人首先要克服那种"大事化小，小事化了"的自然倾向——这在企业中尤其困难。詹姆斯·怀斯曼（James Wiseman）现为丰田公司副总裁，负责企业事务，他告诉《快公司》杂志自己刚进公司时的感受。他说，以前的工作"总是在寻找灵丹妙药，寻找大范围的显著改善"。来到丰田之后，他发现事情并非如此。"一个周五，我汇报了我们做的一个项目（工厂扩张），态度积极肯定，有一点点夸张。两三分钟后，我坐下来。张先生（张富士夫，现为丰田国际的主席）像是在看我。我看出他感到迷惑不解。他说：'吉姆君，大家都知道您是一位优秀的经理，否则我们也不会聘用您。但是，请告诉我们您遇到的问题，这样我们可以同心协力解决它。'"

心理学

"害羞"训练所位于加州帕洛阿尔托繁忙路段上一个不起眼

的办公区。灰色的墙壁和葡萄酒红的家具；唯一有点生气的是一幅海底照片，一条小丑鱼躲在银莲花的枝丛中警惕地朝外张望着。这家训练所有一个迷人的理念：社交技能犹如运动技能。这个理念正是创始人菲利普·津巴多(Philip Zimbardo)和林恩·亨德森（Lynne Henderson）所谓的社交体能训练的基础。

训练师妮可·希洛弗（Nicole Shiloff）说："我们认为，人们感到害羞不是因为他们缺乏社交技能，而是因为训练不足。电话交流或者邀请别人是一种可以学会的技能，正如网球的正手击球一样。关键得待在那个令他不安的领域，学会忍受那种焦虑。勤加练习，您就能达到随心所欲的水平。"

我参加的那节训练课程很有代表性，共有八位"临床害羞病人"参加。没有讨论任何人的过去，没有试图解构害羞的成因。只有练习和反馈，由妮可带领，温柔却不失强硬的训练，纠正任何错误的观点，逼他们一次又一次更加努力地去尝试。就好像在草山，斯巴达等人才温床。

整个训练过程通常持续数月之久。客户从轻松的任务开始尝试：角色扮演办公室闲聊以及电话沟通。逐渐进入有难度的任务，比如邀请一次约会。到了最高难度的任务，他们开始挑战奥林匹克的"谁最外向"比赛，比如在拥挤的超市里故意把西瓜掉在地上，让自己难堪。妮可有一位客户是大学生，我叫他大卫，他把自己的进步比作游戏晋级。

他说：“刚开始似乎有些莫名其妙，好像每件事情都从各个角度针对你。但是，很快你好像回过味来了，这一切就感觉自然了。”

笑容可掬的安德烈是一名计算机技术人员，今年 26 岁。他告诉我，在参加“克服害羞”训练之前认识了一个女孩子，几个月没敢和她说话。现在，刚和她出去了第三次，还参加了一个交际舞学习班。安德烈说：“我一想到自己从小就这样，就会想那有什么用呢。但是把它看成一种技能，一切就变了。”

精深练习和髓鞘质也是虚拟伊拉克（Virtual Iraq）成功的原因。这是一项新技术，用于帮助那些患有创伤后应激障碍（PTSD）的美军士兵，他们听见日常的动静（汽车逆火的声音，或者脚步声）都会触发那段痛苦的回忆，令人神经衰弱。“虚拟伊拉克”利用类似于电脑游戏的软件生动再现当时的灾难场面，包括气味、声音、感觉，让病人再次经历创伤。这样做是为了重温回忆，削弱它对病人的影响，治疗师称这项技术为延迟暴露疗法（PET）。

“虚拟伊拉克”的操作原理同“克服害羞”训练完全一样，在这个层面，也同任何人才温床一样。他们想要获得的技能是接触刺激物（脚步声、噪音）却不触动那段折磨人的回忆。那组神经回路无法彻底清除（记得吗，髓鞘质只会包裹；无法拆除绝缘体），所以掌握新技能的最好方式是精深练习，在会触动创伤回忆的正常生活环境中建立起一组新的神经回路。一开始很难。但是，客户锻炼回路的次数越多，他们就越擅长控制自己的回忆。一位接受过治疗的士兵告诉《纽约客》（*The New Yorker*）："大部分烦人的念头消失了。你不可能真正摆脱PTSD，但是你学会容忍了。我有一些（死了的）组长的照片，整整三年我都不能正眼看它们。现在它们就挂在我家墙上。"①

老化

有关认知与老年化方面的研究不断增加，每项新研究不约而同地喊出同一个口号：用进废退。临床术语叫"认知储备"，听起来很抽象。乔治·巴特克斯用一块餐巾紧紧包裹一支钢笔，解释了这个过程。这支钢笔相当于神经纤维，而餐巾就是髓鞘质。巴特克斯解释道，餐巾上出现了缝隙，大脑的老化就开始了。

"随着年龄的增长，髓鞘质开始分解。"巴特克斯说，"这就是为什么你这辈子见到的每位老人都比他们年轻时行动缓慢。

---

① 这种治疗方法的创始人是艾伯特·埃利斯博士（Albert Ellis）。埃利斯生于1913年，长在布朗士区。他曾是一个痛苦的害羞少年，从来不敢和女孩子说话。但是有一天下午，他决定要改变这一点。他坐在纽约植物园附近的长凳上，和每一位坐下的女子聊天。一个月内，他与130位女子说了话。他说："有30位马上走开了。有生以来第一次，我跟那剩下的100位聊了天，不管我是多么焦虑。没人呕吐，没人躲开，也没人叫警察。"他约到了一位女孩子，并且学会了全新的世界观。

埃利斯2007年去世，被美国心理学协会评为20世纪第二位最有影响力的心理学家（卡尔·罗杰斯居首位，弗洛伊德排第三）。

他们的肌肉没有变化，但大脑发送给他们的脉冲速度变了，因为髓鞘质老化了。”

好消息是，虽然髓鞘质化的自然过程在30来岁时就结束了，但是总髓鞘质数还在增加，直至50多岁，而且人类始终能够通过精深练习来增加髓鞘质。“你必须记住髓鞘质是一种活体组织，永远在生长和老化，就像一场战争。年轻时，髓鞘质生长很容易。50岁左右，总体的平衡倾向于老化，但是我们仍然在生长髓鞘质。即使髓鞘质分解了，我们仍然可以长出新的，直到生命结束。”巴特克斯说。

这就是为什么一个人的受教育程度是阿尔茨海默病发病率最可靠的预测指标。巴特克斯说，受教育越高，你就越能建立一个更厚、更强大的神经回路，越能够更好地抵抗早期疾病的侵袭。这也是为什么最近发现，大量涌现的新研究报告、书籍、视频游戏都认同这一原则：练习会延缓认知能力的下降。髓鞘质模型还强调寻求新挑战的重要性。实验发现，人们被迫去适应新环境，以及让自己迎接新挑战（例如，犯错误、集中精力、进行精深练习）往往会增加认知储备。一项研究表明，从事多项业余活动的老年人患阿尔茨海默病的风险下降了38%。一位神经学家指出，那句“用进废退”得更正一下——应该是“越用越灵”。

家庭教育

卡罗尔·德维克是研究动机的心理学家，她常说，世界上为人父母该做的所有事情可以概括成简单的两件：留心你的孩子着迷于什么事情，并且表扬他们的努力。我想补充的是，告诉他们髓鞘质的工作原理，正如德维克自己的伟大发现，告诉我们仅仅传递这条信息都会产生很大的影响。一开始，她把700位成绩不佳的中学生分为两组。第一组进行了为期8周的学习技能培训，第二组进行了一模一样的培训，除了后者的培训内容多了一堂50分钟的特殊课程，告诉他们大脑在遇到困难时是如何反应的。那个学期，第二组学生的成绩进步了，学习习惯也变好了。实验者没有告诉老师哪些孩子在哪个组，但是老师仍然可以看出来。老师知道他们身上发生了变化，虽然说不清是什么变了。

跟多数家长一样，我和妻子珍为了观察孩子们身上展现出来的“苗头”，看着4个孩子从爬行，到学会走步，然后开始奔跑，我们在想他们到底拥有什么样的秘密才能呢。是不是注定会成为音乐家、体育运动员、科学家？这种想法有其积极的一面——自己的孩子大脑中与生俱来就安装了某项特殊才能的神经回路，这是多么令人兴奋。但这是基于一些错误的假设，也必然产生错误的期望，于是尝试各种各样的选择。艺术课？为什么不呢！曲棍球训练营？舞蹈班？体操？好的！当你是某项神秘才能的守护者时，就没有理由拒绝任何一个可能展露那项才能的机会。

但是当你用髓鞘质的观点来思考才能时，当你想象那一小串一小串的灯饰时，当你在寻觅某个激情迸发的时刻，当你理解了发出的教学信号时，生活改变了。同多数重大改变一样，它们体现在细小的方面。我们的儿子艾丹练钢琴时，碰到一首很难的新曲子，珍就会鼓励他先一遍又一遍地弹前五个音节，一步步来直到找到感觉。或者，我们的女儿凯蒂和利亚去滑雪，兴奋地告诉我们她们跌倒了许多次，这必定是一个越滑越好的迹象。也可能体现在我们的三个女儿突然爆发了勃朗特姐妹们那般的写作激情，开始给对方写故事和信件，珍是如何在家里放置大量的彩色铅笔和笔记本，为她们的写作狂热推波助澜。然而最重要的是，我对失败的态度改变了，不再看作一个挫折或者不祥之兆，而是一条前进的道路。

去年夏天，我们最小的女儿佐伊准备就绪，开始学习钢琴。她喜欢在键盘上乱弹一气；姐姐们曾教过她弹一两首曲子。后来一天下午，佐伊问起了小提琴，一直问了一个月，我们不知道这个想法是哪里来的。（是因为她参加的那次蓝草音乐会吗？她的朋友在拉小提琴？家里已经有三个钢琴家了？）但是，我们给她找了把旧小提琴和一位出色的铃木老师。长话短说，现在我们家晚餐的特色就是这位小个子小提琴巡回演奏家（还不收取小费）。

我刚开始着手这次旅行时，拿到了一张髓鞘质的电子显微镜照片。通常意义来说，这张照片不算好：斑斑点点，而且很模糊。但我喜欢看着它，因为你可以看清包裹的每一层髓鞘质，就像悬崖面上的石片层或者大树的年轮。每一层髓鞘质是过去经历的一种独特回忆。也许这层是拜某位教练的点子所赐；这层是由于某次父母鼓励的眼神；这层是因为听了一首他们喜欢的歌曲。在那髓鞘质漩涡里充满了一个人的故事，无数的互动和影响，这一切组成了生命，不知为何，还有闪烁的圣诞灯饰。

我有时会在家里想象，在家人玩游戏时，沉浸在书海里时，或者餐桌上交流时，那一串串的灯饰正不停地闪烁着。这些小人儿很快就会长大，能够做无数复杂到令人惊讶的事情，这似乎是完全不可能，但实际上这是可能的。这一天终究会到来。毕竟，我们是髓鞘质人。

有一天，女儿佐伊拿起小提琴，琢磨着练一首关于胖国王和养狗的王后的新歌。她不断地停下来。错误百出。又重新开始。听起来很不连贯，但是很美妙。“我要练它几千次，几万次。我一定会拉得超级棒。”她说。

THE TALENT CODE 译者后记

若问公众演讲、抢银行、踢足球这些技能之间有没有共通之处，作者肯定会滔滔不绝地讲开去。其实，这中间的秘诀正是那亘古不变的道理：无他，唯手熟尔！就职演说可以事先准备，但是现场交流无法全然预测。本书引用了一个非常规的例子。饶是劫匪蛮横有力，警方一道水泥墙就断了匪徒的贪念。直到银行抢劫犯“男爵”出现，他精心设计的抢劫计划破了固若金汤的银行库房，令警察都自叹弗如，其重点仍是“事先准备”。有心的读者可能会问：中国男足冲击世界杯的玄机莫非也在此？我以一个外行人的身份斩钉截铁地告诉你，答案是肯定的！更难得的是，作者丰富地充实了这套理论，要巧练而非苦练。

我不知道出版社会提什么样的上架建议。对我，这是一本最有效的励志书。有效是因为它用科学实验证实了一个原则——任何技能只要你下定决心，必然就能掌握，于是给我勇气去挑灯夜战、悬梁刺股。有效更是因为它告诉我如何全力以赴学习技能，而不仅是一套简单的“天生我材必有用”之类的安慰词。人们不会看着荧屏上的天才人物暗自惭愧，那些人离我们太远。可是当发现邻居 10 岁的小孩都能熟练弹奏《田园交响曲》，自己尽管空抱一场音乐梦，却连件像样的乐器都不会，此时才会心中戚戚然。我第一眼看到本书题目“The Talent Code”时，想当然地在心中译做“天才密码”，及至看到作者着重强调要剔除 talent 这个词中隐含的“天才”意味，再贯彻全文，遂改成了现在的题目。所以，这不是为那些天生有异象的人写的书，而是送给那些没被上帝的骰子掷中的人的一份补偿。

这是我翻译的第三本书。每当我在电脑上敲进一个句子，我就不由得思想，我脑中某处的髓鞘质必定多覆盖了一层。假以时日，脑中的电流在翻译技能回路上可以做到风驰电掣宛若翻译巧匠，也未可知。这是一件多么令人欢欣雀跃的事情啊！

鉴于本人出生时没有祥云笼罩，大脑中的翻译技能回路也尚未形成参天大树状。翻译中谬误和不当之处在所难免，请各位读者不吝赐教。我要感激您的每一处指责，因为那是在为我的树苗能够最终长成“参天大树”浇水施肥。

最后，我想借此机会感谢湛庐文化的图书编辑们，是她们给了我又一次的机会锤炼我的翻译技能回路。还有我的爱人赵周先生在本书翻译过程中提供的支持和协助，以及一些朋友在我疑惑之时，帮助查找参考资料以保证译文尽量无误。

未来，属于终身学习者

我这辈子遇到的聪明人（来自各行各业的聪明人）没有不每天阅读的——没有，一个都没有。巴菲特读书之多，我读书之多，可能会让你感到吃惊。孩子们都笑话我。他们觉得我是一本长了两条腿的书。

——查理·芒格

互联网改变了信息连接的方式；指数型技术在迅速颠覆着现有的商业世界；人工智能已经开始抢占人类的工作岗位……

未来，到底需要什么样的人才？

改变命运唯一的策略是你要变成终身学习者。未来世界将不再需要单一的技能型人才，而是需要具备完善的知识结构、极强逻辑思考力和高感知力的复合型人才。优秀的人往往通过阅读建立足够强大的抽象思维能力，获得异于众人的思考和整合能力。未来，将属于终身学习者！而阅读必定和终身学习形影不离。

很多人读书，追求的是干货，寻求的是立刻行之有效的解决方案。其实这是一种留在舒适区的阅读方法。在这个充满不确定性的年代，答案不会简单地出现在书里，因为生活根本就没有标准确切的答案，你也不能期望过去的经验能解决未来的问题。

而真正的阅读，应该在书中与智者同行思考，借他们的视角看到世界的多元性，提出比答案更重要的好问题，在不确定的时代中领先起跑。

湛庐阅读App：与最聪明的人共同进化

有人常常把成本支出的焦点放在书价上，把读完一本书当作阅读的终结。其实不然。

时间是读者付出的最大阅读成本

怎么读是读者面临的最大阅读障碍

“读书破万卷”不仅仅在“万”，更重要的是在“破”！

现在，我们构建了全新的“湛庐阅读”App。它将成为你“破万卷”的新居所。在这里：

- 不用考虑读什么，你可以便捷找到纸书、电子书、有声书和各种声音产品；
- 你可以学会怎么读，你将发现集泛读、通读、精读于一体的阅读解决方案；
- 你会与作者、译者、专家、推荐人和阅读教练相遇，他们是优质思想的发源地；
- 你会与优秀的读者和终身学习者为伍，他们对阅读和学习有着持久的热情和源源不绝的内驱力。

从单一到复合，从知道到精通，从理解到创造，湛庐希望建立一个“与最聪明的人共同进化”的社区，成为人类先进思想交汇的聚集地，与你共同迎接未来。

与此同时，我们希望能够重新定义你的学习场景，让你随时随地收获有内容、有价值的思想，通过阅读实现终身学习。这是我们的使命和价值。

湛庐阅读 App

思想者的声音图书馆

倡导亲自阅读

不逐高效，提倡大家亲自阅读，通过独立思考领悟一本书的妙趣，把思想变为己有。

阅读体验一站满足

不只是提供纸质书、电子书、有声书，更为读者打造了满足泛读、通读、精读需求的全方位阅读服务产品——讲书、课程、精读班等。

以阅读之名汇聪明人之力

第一类是作者，他们是思想的发源地；第二类是译者、专家、推荐人和教练，他们是思想的代言人和诠释者；第三类是读者和学习者，他们对阅读和学习有着持久的热情和源源不绝的内驱力。

以一本书为核心

遇见书里书外，更大的世界

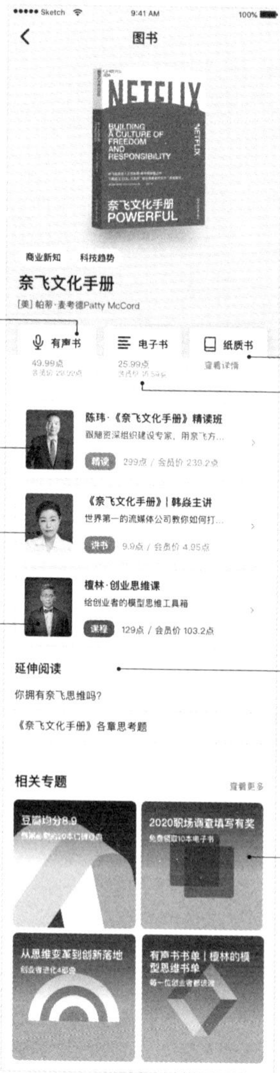

有声书

随时随地，有温度、有感情地听本书

精读

2~4周，带你读完、读懂、读透一本好书

讲书

30分钟
大咖给你讲本书
让你挑书不费劲

课程

权威专家带你快速浏览一个领域的知识概貌

纸质书

湛庐纸书一站购买
还有读者专享福利

电子书

最新最全的湛庐电子书
随时随地亲自阅读

延伸阅读

编辑精心制作的内容拓展
测试、视频、注释、参考文献
只为优化你的体验

专题

主题式阅读书单
让你与更多好书相遇

THE TALENT CODE: Greatness Isn't Born. It's Grown. Here's How. by Daniel Coyle.

ISBN 978-0553806847

Published by arrangement with Daniel Coyle c/o Black Inc., the David Black Literary Agency through Bardon-Chinese Media Agency.

图书在版编目（CIP）数据

浙江省版权局
著作权合同登记章
图字：11–2015–96 号

一万小时天才理论（经典版）/（美）科伊尔著；张科丽译．—杭州：浙江人民出版社，2015.9（2022.12 重印）
ISBN 978-7-213-06814-0

Ⅰ．①一…　Ⅱ．①科…　②张…　Ⅲ．①成功心理—通俗读物Ⅳ．① B848.4-49

中国版本图书馆 CIP 数据核字（2015）第 185721 号

上架指导：心理学 / 成功励志

一万小时天才理论（经典版）

［美］丹尼尔·科伊尔　著
张科丽　译

出版发行：浙江人民出版社（杭州体育场路 347 号　邮编　310006）
市场部电话：（0571）85061682　85176516
集团网址：浙江出版联合集团　http://www.zjcb.com
责任编辑：金　纪　郦鸣枫
责任校对：张谷年
印　　刷：唐山富达印务有限公司
开　　本：880mm × 1230mm 1/32　　印　　张：8
字　　数：129 千字　　插　　页：1
版　　次：2015 年 9 月第 1 版　　印　　次：2022 年 12 月第 13 次印刷
书　　号：ISBN 978-7-213-06814-0
定　　价：49.90 元
